拖拉机造型逆向设计技术及实践

周志立 马 伟 编著

科学出版社

北京

内 容 简 介

本书是作者在拖拉机造型设计方面实践成果的总结，系统阐述了拖拉机造型设计理论、设计技术，重点介绍了造型设计理论与技术在农业拖拉机上的应用和新产品的开发。在内容编排上，先介绍基础理论知识，再应用技术分析，最后是产品开发实践。本书结构合理、脉络清晰，能逐步引导读者掌握拖拉机造型设计的相关知识；技术资料翔实，内容广泛，图文并茂，所选案例具有典型性且实用性强，可更好地方便读者学习和应用。

本书可作为高等院校教师、科研院所研究人员和企业产品开发人员的参考用书，也可作为机械工程、农业工程、工业设计类等相关学科专业的研究生和高年级本科生的教学用书。

图书在版编目(CIP)数据

拖拉机造型逆向设计技术及实践 / 周志立，马伟编著. —北京：科学出版社，2019.6

ISBN 978-7-03-061415-5

Ⅰ. ①拖… Ⅱ. ①周… ②马… Ⅲ. ①拖拉机–造型设计 Ⅳ. ①S219.02

中国版本图书馆CIP数据核字(2019)第108570号

责任编辑：陈 婕 赵晓廷 / 责任校对：彭珍珍
责任印制：吴兆东 / 封面设计：蓝正

科 学 出 版 社 出版
北京东黄城根北街16号
邮政编码：100717
http://www.sciencep.com
北京虎彩文化传播有限公司 印刷
科学出版社发行 各地新华书店经销
*
2019年6月第 一 版 开本：720×1000 1/16
2019年6月第一次印刷 印张：19
字数：380 000
定价：120.00 元
(如有印装质量问题，我社负责调换)

前　言

拖拉机造型设计是根据美学原则、形体构成、人机工程学等理论，对拖拉机外观线条、色彩、装饰、各构成部分的尺寸、位置进行规划和整合，以达到人-机-环境协调统一。随着人们需求的多样化和审美观的不断改变，人们对拖拉机造型设计提出了更高的要求，拖拉机的覆盖件作为其外观及体现个性的载体，能否顺利、快捷地完成设计关系着整车的开发。传统的开发模式费时、费力且生产周期长，不能适应对产品的快速修改、个性多样的特点，难以满足企业对产品快速市场化和个性化的要求。

逆向工程是针对消化、吸收先进技术的一系列分析方法和应用技术的组合，以已有的产品为蓝本，借用专门的数字化测量设备和专用的处理软件来获得产品的数字化模型，并对获得的数字化模型进行改进、创新，从而开发出新产品。逆向工程不但可以为提高产品设计、加工、分析的质量和效率提供充足的信息，还可以充分利用先进的 CAD/CAE/CAM 技术对已有的产品进行再创新服务。逆向工程技术的应用，不仅为缩短产品的开发周期、满足个性化的产品设计要求创造了条件，也有利于对产品的消化吸收和再创新。

本书是作者在拖拉机造型设计理论及应用研究和产品开发方面成果的总结，项目成果已成功转化，创造了显著的社会效益和经济效益，获得了中国机械工业科学技术奖二等奖。

本书在阐述拖拉机造型设计的原则和要求，以及拖拉机造型演变、造型设计美学理论、造型设计方法和技术的基础上，对拖拉机新产品造型进行了实践。本书共 7 章，由周志立和马伟撰写，全书由周志立统稿。

第 1 章基于拖拉机造型的发展历程，对不同时期的拖拉机呈现的造型特点进行总结和分析，归纳出拖拉机造型的演变规律、设计特点和拖拉机造型设计的原则，指出拖拉机造型设计的影响因素，概述拖拉机造型设计技术，为拖拉机的造型设计提供了较为充分的依据和参考。

第 2 章在阐述拖拉机造型设计的原则、美学法则、要素、色彩的设计等基础理论的基础上，对设计的形体构成、视觉效果、美学法则和色彩设计等进行分析，以提高拖拉机造型设计的视觉传达效果。

第 3 章主要论述拖拉机造型设计方法、技术及技术平台，通过对拖拉机造型设计任务的分解及设计过程的控制进行研究，在分析拖拉机造型设计关键技术、设计支持系统和技术平台构建方法的基础上，搭建拖拉机造型设计技术平台，通过对拖拉机造型逆向设计方法的论述和分析，论述所涉及的关键技术和技术平台，为逆向设计方法在拖拉机造型设计上的应用奠定基础。

第4~6章是基于CATIA软件进行逆向造型设计，主要介绍曲线和曲面的设计和指令，为开展逆向设计的前期处理奠定基础。

第7章确定拖拉机造型设计流程，运用CATIA软件建立拖拉机造型设计的几何模型，并在拖拉机造型设计可视化设计平台上，基于逆向工程对拖拉机覆盖件进行造型设计，分享拖拉机造型设计的工程实践经验。

本书的相关研究工作得到了国内外许多同行、专家的鼓励、支持与帮助，在此表示衷心感谢。此外，时明德教授、李济顺教授、赵伟教授和多位研究生参与了产品开发，在此也表示感谢。

限于作者的学识水平，书中难免有不妥之处，欢迎读者批评指正。

目　　录

第1章 绪 论

拖拉机是量大面广的农机产品，其造型及方法的发展与其他相关学科技术进步有着紧密的联系，造型效果的优劣反映着时代的进步和科技的发展。

1.1 拖拉机造型的特点及要求

拖拉机造型设计受多种因素影响。根据拖拉机造型设计发展历程，总结造型设计的要求和遵循原则，明确造型设计要求和影响因素，可为造型设计提供基础。

拖拉机作为运动型的机械产品，其工作内容和工作环境会因时因地发生变化，故拖拉机造型设计应能够满足多种环境需要。我国是一个农业大国，拖拉机用户范围比较广，由于民族、风俗、信仰不同，对造型设计的要求也会有较大差别。就造型设计的共性而言，拖拉机的造型设计应满足多种不同的要求。

1. 色彩与功能搭配协调

农业拖拉机主要用于田间作业和农作物运输作业，工作环境比较恶劣，为满足拖拉机耐油污和泥水的要求，机身下部用色应深沉一些。另外，由于拖拉机工作时常处于运动状态，出于安全考虑，机身用色应鲜明一些，以便引起人们的注意。

2. 驾驶视野足够宽广

农业拖拉机不仅承担着农作物的运输工作，同时还要用于田间作业，这就要求在驾驶过程中驾驶员视野宽广，不仅保证农业拖拉机能够在道路上正常运输行驶，还应保证驾驶员在不离开座位的情况下能够监测到前后悬挂的农机具，便于实现个人独立作业。

3. 防护性能优良

农业拖拉机经常在复杂路面甚至无路地面行驶，为增加其通过性，使车体重心提高，由此易造成拖拉机侧翻，因此农业拖拉机的造型设计还应考虑驾驶室的防护安全性。同时，农业拖拉机常在某一环境下长时间作业，恶劣环境易造成驾驶员疲劳，故农业拖拉机的造型设计要求驾驶室具有防寒、通风、除尘、降噪的功能。

4. 田间作业适应能力强

农业拖拉机在田间作业时经常会受到农作物的碰撞、磨蹭或酸碱物品的腐蚀,易造成外形破损,影响美观。因此,农业拖拉机造型应在保证美观的前提下,具有良好的田间作业适应能力。

5. 经济性好

拖拉机作为满足多数人需要的批量产品,其造型设计就必然要从消费者和生产者的利益出发,尽可能地降低产品的设计开发成本和生产成本,提高产品的实际价值。只有物美价廉的产品才能更好地适应社会发展的需要。

6. 具有创新性

设计的内涵就是创新。在当今科技发展日新月异、社会发展突飞猛进的市场经济条件下,产品更新换代的周期越来越短,要想获得持续的市场需求,就必须跟上时代的发展节奏,突出时代特色,陈旧过时、缺乏新意的产品势必被市场所淘汰。

作为人们使用和欣赏的工业产品,拖拉机造型设计与汽车造型设计还有如下区别:

(1)汽车的行驶速度较高,汽车造型设计必须充分考虑车身的空气阻力系数,很多美观的汽车造型常因阻力系数的影响不得不进行修改和调整;而目前拖拉机的最高时速约为50km/h,所以拖拉机造型设计可以充分发挥设计师的设计理念,通常忽略空气阻力的影响。

(2)汽车常在平整的街道或公路上行驶,运行环境比较清洁,受外界影响较小,车身颜色可以保持长时间鲜艳与明亮;而拖拉机经常在田间作业,湿热不均,且易受农作物的刮、擦,故拖拉机的造型应注重防损设计。

(3)汽车造型注重时尚、前卫,用户希望车辆能够显示出自己的身份和品位;而拖拉机主要用于农业生产,用户更偏重于拖拉机造型的稳重感、力度感,外形优美、威猛有力的拖拉机造型颇受用户喜爱。

1.2 拖拉机造型的发展历程

拖拉机造型的演变是一个不断改进与创新的过程,不同的发展阶段代表着不同的时代性。演变受多种因素的影响,主要包括技术、结构、材料、人们的审美观及社会的变化等,但所有因素的主要出发点和最终目的是实现并提高拖拉机的功能,同时获得具有时代感的造型。

1. 19 世纪拖拉机造型

1856 年，阿拉巴尔特发明了最早的蒸汽动力拖拉机，该拖拉机由蒸汽机及铁轮等形体相对简单的几何体(如圆柱体、立方体等)按结构和功能的需要组合而成，整体造型显得凌乱、粗糙，缺乏整体感，如图 1-1(a)所示。

(a) 20hp(14.7kW)双缸后置蒸汽机式拖拉机造型　　　　(b) 1892年的拖拉机造型

图 1-1　19 世纪拖拉机造型

随着科技的进步，1889 年，伯格首次发明了底盘与蒸汽机底盘相似，并以汽油机为动力的"巴加"号拖拉机。1892 年，约翰·M·弗罗利奇制造出第一台作为农用牵引机真正实用的内燃发动机式拖拉机，它是迪尔式拖拉机的前身，如图 1-1(b)所示。1897 年世界上第一台柴油机诞生后，就出现了以柴油为动力的拖拉机，因此拖拉机造型得到简化，变得小巧，受到当时用户的认可，但因受当时社会因素的制约，色彩的设计只是沿用传统的红色、绿色和材料本色的灰黑色。19 世纪拖拉机造型的特点是以点、线、面、体等造型元素散乱的组合来塑造整体造型，给人以生硬的感觉。

2. 20 世纪早期拖拉机造型

随着工业的发展，先进的液压技术、工艺方法及新材料等逐渐被应用，生产具有光顺曲线的流线型拖拉机造型成为可能。由于受汽车流线型设计的影响和人们审美观念的改变，各种曲面造型开始用于拖拉机覆盖件的设计，拖拉机的主要部件(如发动机、传动系)被成型钢板制作的覆盖件覆盖，外部造型趋于整体化。例如，约翰迪尔公司在 20 世纪 20 年代就采用大圆弧开发出具有流线型的拖拉机造型，如图 1-2(a)所示。

覆盖件不仅起保护简单的几何车体、防尘及防护的作用，还代表了对造型审美观的追求。例如，20 世纪 40 年代约翰迪尔公司为拖拉机装上了橡胶轮，不仅增加了拖拉机的行驶平顺性及操纵稳定性，还提高了拖拉机的动力性。采用曲面对面罩进行设计,可使整机造型看起来更有美感,如图1-2(b)所示。尽管20世纪早期的拖拉机造型各有特色,但总体上造型的特征为甲虫型,这种外形圆滑、流畅的拖拉机造型到60年代已被各国普遍采用;在色彩设计上出现了深蓝、草绿和紫红等,主要是以草绿(以约翰迪尔拖拉机为代表)、紫红(以万国拖拉机为代表)为主。

(a) 20年代的流线型拖拉机造型   (b) 40年代面罩为曲面的拖拉机造型

图1-2 20世纪早期拖拉机造型

3. 20世纪中后期拖拉机造型

20世纪60年代后期,随着人机工程学的发展,人们开始在设计中将人的因素放在首位,给拖拉机增加了安全驾驶室,使拖拉机造型的结构发生了变化。以前那种流线型的风格,给人臃肿、笨拙的视觉感,已不能满足人们的审美观念,人们开始采用直线、斜线、小圆角过渡的造型风格设计拖拉机造型,如图1-3所示。

图1-3 20世纪中后期拖拉机造型

20世纪中后期拖拉机造型的风格特点是线条刚劲,给人安稳的美感,小圆角的过渡显得既挺拔又自然。从功能上看,驾驶室能保护驾驶者,不仅提供了舒适的工作环境,还降低了噪声。随着人们审美观念的改变,造型颜色不仅出现了浅蓝等,而且侧罩色带与主体色形成对比,既增加了造型的动感,又突出了个性的变化。

4. 现代拖拉机造型

随着科技的进步和人们审美观念的改变，拖拉机造型设计中又增加了大圆弧形面，拖拉机造型呈超流线型，如图1-4所示。

图1-4 现代拖拉机造型

现代拖拉机造型不是简单地重复19世纪早期的曲面造型，而是有更丰富的内涵。从功能上看，大面积弧形玻璃在驾驶室中的应用，可使驾驶员视野开阔；前倾大弧形的顶罩设计，可方便驾驶员观察到前轮的工况；驾驶室顶盖的凸弧形设计，可减轻驾驶员的重压感；超流线型是考虑拖拉机车速的不断提高，设计时对空气动力学体现的结果。从美观上看，现代拖拉机造型具有线型光滑、流畅的特点，给人端重及富于变化的感觉特征；色彩的设计更富有变化，出现了浅棕色、草绿色等明度较高的色彩。

通过对不同时期拖拉机造型的分析，可得到造型的演变规律，如图1-5所示。

图1-5 拖拉机造型的演变

通过对拖拉机造型的分析与总结，在兼顾安全、廉价、实用、环保等因素的基础上，人性化设计是今后拖拉机造型设计原则的核心；从造型的形态分析，现代拖拉机造型大多采用大曲面、大圆角过渡的造型风格；从拖拉机外部造型曲面过渡圆角分析，前脸面罩造型与顶盖常采用圆角进行过渡，使机罩看起来更流畅、饱满，外部造型表现出简洁、大方、庄重的风格。

现代拖拉机造型在局部处理上，相比以前具有从简单到复杂、从平缓到凸出的变化趋势。新型材料的应用，使灯具、驾驶室、前脸面罩的造型变化更丰富，前脸面罩的线形分割增强了拖拉机造型的变化，使拖拉机造型既保证了设计风格又具有雕塑感。整车的浑圆、局部的活泼、具有流线型的前低后高的超流线型造型将被普遍采用。

1.3　拖拉机造型设计及技术现状

1. 拖拉机造型设计现状

拖拉机诞生 100 多年来，其结构形式得到不断发展和完善。20 世纪初人们发明了履带式拖拉机，30 年代出现了橡胶充气轮胎，随后液压三点悬挂装置在拖拉机上也得到应用，至此拖拉机结构已基本完善，但在这段时间内，人们的注意力多集中于拖拉机结构和功能的改进与完善方面，拖拉机造型形态尚未得到发展。

20 世纪 40 年代初，美国著名工业设计师雷蒙德·罗维开创了拖拉机造型设计的先河，设计了一台名为"法玛尔"的拖拉机，该拖拉机造型以曲线、曲面居多，给单调、直板的拖拉机增添了几分亲和力。同一时期，意大利工业设计师将当时汽车上盛行的光滑曲线、曲面应用于拖拉机的造型设计上，直面形态配以平滑的曲线、曲面过渡，使拖拉机造型呈现出"流线"型的风格。第二次世界大战后，美国工业设计师又在"流线"型造型基础上，引入大圆弧的造型特征，使拖拉机的整体造型更具人情味。受美国造型风格的影响，50 年代开始，英国工业设计师也尝试将"流线"型的造型特征引入拖拉机的造型设计当中，并与其国内的拖拉机造型特色相结合，形成新的造型风格。

20 世纪中后期，拖拉机技术的发展速度放缓，人们开始注重拖拉机造型设计的开发，西方各国都形成了自己独立的设计风格，造型特征也更加丰富，更具欣赏力。直面造型、斜面造型和曲面造型相继在拖拉机上得到推广和应用，还出现了"直""斜""曲"三种造型风格混合搭配的拖拉机造型，既增加了拖拉机造型设计的时代美感，也体现出造型设计人员的能力。

国内拖拉机技术在苏联技术的支持下得到快速发展，造型风格受其影响较深，在相当长的时期内国内拖拉机产品与苏联拖拉机具有较大的相似性。国内多位学者针对拖拉机的造型设计进行了深入研究：20 世纪 80 年代初，国内设计人员已着手研究拖拉机形态与产品性能、环境条件和使用条件三方面的协调关系，并提出了具体的研究方法；80 年代中期，拖拉机的美学设计原则和色彩搭配方案设计也得到了分析与研究。但是，由于国内拖拉机造型设计研究起步较晚，当前国内拖拉机造型设计仍存在以下问题：

（1）缺乏创新。多数产品是苏联拖拉机产品的仿制和改型，造型方正、呆板，色彩单调，缺乏现代感。

(2)驾驶环境恶劣。多数拖拉机产品没有驾驶室，驾驶员工作条件差，环境温度夏天高、冬天低，噪声大。

(3)安全防护措施不齐全。国外法规要求拖拉机必须装有防翻架或防翻驾驶室，排气管要安装隔热罩，而这些问题在国内尚未得到重视。

(4)对拖拉机造型设计的重视程度低。多数拖拉机企业尚未成立造型设计部门，自主创新能力较弱，新产品的设计仅依靠与院校合作或以委托的方式来实现造型升级，限制了企业改良产品造型的灵活性，甚至项目合作稍有问题将直接扼杀企业进行造型设计的动机。

2. 拖拉机造型设计方法及技术现状

拖拉机诞生初期，人们对拖拉机的研究主要集中在拖拉机性能的提升方面。直到20世纪40年代，拖拉机造型设计才作为拖拉机产品设计开发的研究内容，并且如纽荷兰等厂家的拖拉机生产大多与汽车和卡车在同一个工厂里完成，拖拉机的造型设计从属于汽车的设计开发，尚没有形成独立的开发模式。

20世纪以来，基于工程图进行拖拉机设计的方法在生产中得到广泛应用，CAD(computer aided design)技术作为实现设计自动化的一项关键技术，既是降低消耗、缩短新产品开发周期、大幅度提高劳动生产率的重要手段，也是提高自主开发能力、进一步向计算机集成制造系统发展的重要基础。从CAD技术发展史看，CAD三维造型技术的发展经历了线框造型、曲面造型、实体造型、参数化造型和变量化造型5个阶段。

1)线框造型阶段

20世纪50年代后期，计算机技术的发展提高了计算机绘图的可行性，其技术的出发点是以电子图纸为媒介，利用计算机绘图来摆脱烦琐、费事、绘制精度低的手工绘图，这就是二维计算机绘图技术的起源。

在此阶段，CAD的含义仅仅为计算机辅助绘图(computer aided drawing 或 computer aided drafting)，利用传统的三视图方法来表达零件，而并非现在所讲的计算机辅助设计。

二维CAD系统具有强大的二维功能，如绘图时编辑剖面线、图案绘制、尺寸标注以及二次开发等，可以帮助设计人员绘制规范的图纸；在提高绘图效率的同时，也便于图纸的修改和管理。因此，二维计算机绘图技术迅速发展。

以二维计算机绘图技术为主要目标的算法一直发展到20世纪70年代末，其后作为CAD技术的一个分支得到成熟平稳的发展。

2)曲面造型阶段

二维图纸很难描绘三维空间机构的运动和进行产品的装配干涉检查，因此采用二维的设计模式常常是等模具做出来后对产品进行试装配时才能发现干涉或设计不合理等现象，在设计早期不能全面考虑下游过程的要求，从而使产品设计存在缺陷，造成设计修改工作量大、开发周期长、成本高。

20 世纪 70 年代，人们在飞机及汽车等制造业中遇到了大量的自由曲面问题，当时只能采用多截面视图、特征纬线的方法来近似表示所设计的曲面。由于三视图的方法不能完整地表达零件的信息，设计完成后，制作出来的样品与设计者所想象的有所差异，所以出现了贝塞尔(Bezier)算法，由此可以用计算机来处理曲面及曲线的问题。曲面造型可利用各种特征来描述图形，基本面有平面、圆柱面、旋转面等。

曲面造型系统代表的技术革新，使汽车开发的手段有了质的飞跃，新车型的开发速度大幅度提高。

3) 实体造型阶段

与线框模型和曲面模型相比，实体模型是最为完善的一种几何模型。采用这种模型，可以从 CAD 系统中得到工程应用所需要的各种信息，并将其用于数控编程、空气动力学分析、有限元分析等。实体造型技术能够精确表达零件的全部属性，在理论上有利于用统一 CAD、CAE、CAM 的模型表达，给设计者带来了很大的方便。

在当时的硬件条件下，实体造型的计算和显示速度很慢，在实际应用中用于设计仍有难度，实体造型技术没能得到推广与应用。

4) 参数化造型阶段

三维实体造型采用参数化设计，与传统的方法相比，最大的不同之处在于它存储了设计的整个过程。当一个参数值变化时，无论是在三维造型上，还是在与之相关的二维工作图上修改，结果是相同的，都会引起三维模型和二维相关图线的重新生成，再配合力学分析的结果，这种设计更新和修改会更加可靠、有效。这一点在零件改型或尺寸变动时特别有用，可以通过调整参数来修改和控制几何形状，自动实现产品的精确造型。

5) 变量化造型阶段

参数化技术仍有不足之处，最主要的是全尺寸约束。参数化技术必须要求全尺寸约束，即设计者在设计初期及全过程中必须将形状和尺寸联合起来考虑，并且通过尺寸约束来控制形状，通过尺寸的改变来驱动形状的改变，一切以尺寸(即"参数")为出发点。一旦所设计的零件形状过于复杂，面对满屏幕的尺寸，如何改变这些尺寸以达到所需要的形状就很不直观。另一个是拓扑关系的依附性，即参数化技术使每对父子特征之间产生了强大的依附性，在一些简单零件设计中修改十分方便；但对于复杂零件，在设计中某些形体的拓扑关系发生改变，由于拓扑关系的强大依附性，往往会使某些几何特征失去约束造成系统数据混乱，从而造成修改的失败，大大增加了设计者的工作量。

根据参数化技术的不足，SDRC 公司提出了一种比参数化技术更先进的实体造型技术，即变量化技术。变量化技术扩展了变量化产品的结构，允许用户对一个完整的三维产品从几何造型、设计过程、特征到设计约束都可以实时直接操作，能保留每一个中间结果以备反复使用和优化设计时使用。采用变量化技术，完全符合设计人员进行机构设计和工艺设计这一设计习惯，更加方便了设计人员的设计工作。变量化技术为用户提供了一种交互操作模型的三维环境，在可编辑性及易编辑性方面得到极大的改善和提高；当用户准备进行预期模型修改时，不必深入理解和查询设计过程，只需在一个主模型中就可以实现动态的捕捉设计、分析和制造等意图。

3. CATIA 软件简介及与其他软件的比较

目前，计算机平台上的三维 CAD 软件已经成熟，在我国CAD 市场上比较流行的三维 CAD 软件有 EDS 公司的 UG、PTC 公司的 Pro/E、达索公司的 CATIA，且在不断推出自己的新版本。由于本书的造型设计是基于 CATIA 软件的，所以这里对 CATIA 软件进行简单分析。

1) CATIA 软件

CATIA V5 R11(CATIA Version 5 Release 11，下文简称 CATIA V5)运行于微软 Windows NT 环境，99%以上的用户界面图标采用 MS-Office 形式，并且有一组图形库，使 UNIX 工作站版本与 Windows 计算机版本具有相同的用户界面，充分发挥了 Windows 平台的优点。CATIA V5 在开发时使用了大量最新和最前沿的计算机技术与标准，具有强大的功能。CATIA V5 具体的功能概括如下：

(1) 具有复杂、灵活的曲面建模功能。不仅能够完成任何苛刻要求的曲面设计工作，而且为逆向工程提供了强大的数字化外形编辑模块，使逆向工程首次可以在 CAD 系统中更高层次地集成完成。CATIA 软件特别针对 A 级曲面设计开发出汽车 A 级曲面设计(Automotive Class A，ACA)模块，该模块采用独有的逼真造型、自由曲面相关性造型和实际意图捕捉等曲面造型技术，可生成和构造优美光顺的外形；可以大幅度提高工作效率，并方便使用，开创了 A 级曲面处理的新方法，提高了 A 级曲面造型的模型质量和 A 级曲面(设计流程)的设计效率，并在总开发流程中达到更高层次的集成，将 A 级曲面整个开发过程提高到了一个新的水平。

(2) 具有单一的数据结构，各个模块全相关，某些模块之间还是双向相关。端到端的集成系统拥有宽广的专业覆盖面，支持自上向下(top-down)和自下向上(bottom-top)的设计方式。

(3) 以流程为中心，应用了许多相关的工业优秀开发设计经验，可提供经过优化的流程。

(4) 具有创新的用户界面、极强的交互性能及界面图形化使用性和功能性，易学易用。

(5)具有独一无二的知识工程构架,创建、访问及将多学科知识有机地集成在一起。

(6)具有先进的混合建模技术,且建立在优秀可靠的几何实现原理基础上,具有领先的几何建模和混合建模功能。

(7)建立在 STEP 产品模型和 CORBA 标准之上,具有在整个产品周期内方便修改的能力,尤其是后期修改。

(8)提供多模型链接的工作环境及混合建模方式,实现真正的并行工程的设计环境。

(9)具有强大的数字样机技术,如形状虚拟样机、功能虚拟样机等。

(10)为各种应用的集成提供了一个开放的平台。

(11)具有面向设计的工程分析,作为设计人员进行决策的辅助工具,可开放性允许使用第三方的解算器(如 NASTRAN、ADAMS)。

(12)具有完善的加工解决方案,建立在单一的基础架构上,基于知识工程,覆盖所有 CAM 应用;支持电子商务,支持即插即用(plug-play)功能的扩展等。

(13)使用专用性解决方案,可最大限度地提高特殊的复杂流程的效率。这些独有的和高度专业化的应用将产品和流程的专业知识集成起来,支持专家系统和产品创新,如汽车 A 级曲面造型、汽车车身设计、装配变形公差分析等。

2)CATIA 软件与其他软件的比较

为了更好地了解 CATIA 软件,将 UG、Pro/E、CATIA 软件的部分功能对比列入表 1-1。

表 1-1　UG、Pro/E、CATIA 功能对比

序号	功能比较	UG	Pro/E	CATIA
1	操作性	位图式多层次指令,好学但不方便使用	原版本为封闭的命令行,多层复杂命令,难学又难用。最新野火版改为单层次对话框指令,简单易用	完全 Windows 真彩图形操作界面,操作简单,导向性好,命令繁多,功能强大,难学易用
2	软件处理模式	参数式实体模型计算核心,参变数式使用界面,可以选择全参数模式	完全参数式设计	参数式实体模型计算核心,参变数式使用界面,可以选择全参数模式
3	轮廓产生	可以方便地在三维空间中绘制和编辑	可以在三维空间中绘制	可以方便地在三维空间中绘制和编辑
4	数据文件交换	具有良好的 CAD/CAM 三维数据文件交换性,二维交换性较差	具有一般的三维 CAD/CAM 数据文件交换性,二维交换性较好	具有良好的二维、三维交换性
5	曲面造型功能	具有良好的曲面造型功能,适合正逆向设计	具有简单、快捷的曲面造型功能,对于非参数曲面修改比较困难,适合正向设计	具有强大的曲面造型功能,适合正向设计、逆向设计及 A 级曲面设计
6	中文应用	支持中文界面	支持中文界面	完全支持中文界面
7	主要应用领域	汽车、摩托车、航天、模具、民用家电产品	民用家电产品、模具、汽车、摩托车中的发动机设计等	在汽车、航天领域占有很大的比例

4. CAD 模型数学机理简介

1) 曲线连续性

按数学形式分类，曲线可以分为直线、二次曲线(如圆弧、圆、椭圆、双曲线、抛物线等)、样条曲线等。样条曲线又可分为 B 样条曲线，其现已作为工业标准，所以以后所指样条曲线如无特别指明，均指非均匀有理 B 样条曲线。样条曲线是通过一系列离散点连接的光滑曲线。对于复杂曲面，样条曲线是构建曲面的基础，在曲面建模中占有非常重要的位置，用样条曲线几乎可以完成所有的复杂曲面。

由于样条曲线都是由多条样条曲线组合而成的，这就涉及曲线的连续性问题，连续性通常有点连续、切线连续和曲率连续。各种连续性需要的条件如下：

(1)点连续。两连接曲线的端点坐标重合，两曲线端点处的切线向量和曲率中心没有要求。

(2)切线连续。两连续曲线端点的坐标、切线向量必须重合，曲率中心没有要求。

(3)曲率连续。两连续曲线端点的坐标、切线向量、曲率中心必须重合。

2) 曲线的阶次

由不同幂指数变量组成的表达式称为多项式，多项式中最大指数称为多项式的阶次。

曲线的阶次可用于判断曲线的复杂程度，而不是精确程度。简单地说，曲线的阶次越高，曲线越复杂，计算量越大。

使用低阶曲线有如下优点：

(1)更加灵活。

(2)更加靠近它们的极点。

(3)使后续操作(显示、加工和分析等)运行速度更快。

(4)便于与其他 CAD 系统进行数据交换，因为许多 CAD 只接受三次曲线。

使用高阶曲线常会带来如下弊端：

(1)灵活性差。

(2)可能引起不可预知的曲率波动。

(3)造成与其他 CAD 系统数据交换时的信息丢失。

(4)使后续操作(显示、加工和分析等)运行速度变慢。

一般来讲，最好使用低阶多项式，这就是在 UG 等 CAD 软件中默许的阶次都为低阶的原因。

3) 曲面的几何组成

曲面模型又称为表面模型，物体的形状、有关物理特性、有限元网格的划分、数控编程时刀具轨迹的计算等都是由物体的表面信息确定的。

曲面模型有以下两种：

(1) 以线框模型为基础的面模型，就是把线框模型中的边所包围成的封闭部分定义为面。

(2) 以曲线、曲面为基础构成的面模型，是以小平面逼近的方法近似地进行描述。对于需要精确描述的曲面，要通过曲面模型的参数方程进行表达。

曲面造型的常见方法有以下几种：

(1) 扫描曲面。扫描的方法可分为旋转扫描法和轨迹扫描法两类。一般可以形成以下几种曲面形式。

①线性拉伸面，是由一条曲线沿着一定的直线方向移动而形成的面。

②旋转面，是由一条曲线绕给定的轴线，按给定的旋转半径旋转一定的角度而扫描成的面。

③扫成面，是由一条曲线沿着另一条（或多条）曲线扫描而成的面。

(2) 生成直纹面。它是以直线为母线，直线的端点在同一方向上沿着两条轨迹曲线移动所生成的曲面。

(3) 生成复杂曲面。复杂曲面的基本生成原理是：先确定曲面上特定的离散点的坐标位置，再通过拟合或逼近给定的型值点，得到相应的曲面。曲面的参数方程不同就可以得到不同类型和特性的曲面。常见的复杂曲面有孔斯(Coons)曲面、贝塞尔(Bezier)曲面、B 样条(B-Spline)曲面等。孔斯曲面是由四条封闭边界所构成的曲面，主要用于构造一些通过给定型值点的曲面，不适用于曲面的概念性设计。贝塞尔曲面主要是通过控制顶点的网格来确定曲面的大体形状，修改曲面的形状是通过修改控制点的位置来确定的，该方法的缺点是修改任意一个控制点都会影响整张曲面的形状。B 样条曲面是 B 样条曲线和贝塞尔曲面方法在曲面构造上的推广，该方法不仅保留了贝塞尔曲面设计方法的优点，而且解决了贝塞尔曲面设计中存在的问题。

5. 曲面模型的评价指标

1) 曲面光顺评价

曲面的光顺性可按组成曲面网格的光顺准则去判断。曲线光顺的定义是：如果曲线的曲率图是连续的且由一些单调段组成，那么该曲线是光顺的。曲线光顺的准则如下：

(1) 二阶几何连续。

(2) 不存在奇点与多余拐点，即曲线出现 G 个拐点，但在拟合时出现了多于 G 个拐点，这样是允许的，也就是说不允许在不该出现拐点的地方出现拐点。

(3) 曲率变化小，当曲线上的曲率出现大幅度改变时，尽管没有多余拐点，曲线仍不光顺，因此要求光顺后的曲率变化均匀。

(4) 应变能小。

对于曲面，通常依据曲面上的关键曲线以及曲率的变化是否均匀来判断。曲线光顺是曲面光顺的基础，但是曲面的网格线光顺并不能决定曲面就一定光顺，在实际应用中对曲面光顺实际上就是对曲面的网格曲线光顺，光顺的效果可以通过曲面的光照模型、曲率图、等高斯曲率线等彩色图形去判断，也可以通过形状分布、明暗区域变化去找到曲面的不光顺区域，然后利用法矢、位矢扰动的方法去光顺曲面，这是逆向工程研究的难点。

2) 模型精度评价

模型精度的评价是逆向工程中重建得到的模型和实物样件的误差，根据模型制造的零件是否与其数学模型相吻合，通过与最终模型的对比来进行的，具体说就是通过比较不同模型对应点之间的距离去检验实物模型与数学模型的差异，对应点是指实物上的点到模型曲面的最短距离点，当所有的采样点到模型曲面的最短距离的最大值不超过给定的阈值时，就认为重构的曲面模型是合格的。

6. 逆向工程中曲面设计要点

逆向工程技术是指利用一定的测量手段对实物进行测量，根据测量数据，通过三维几何建模方法重构实物 CAD 模型的过程。有时人们把逆向工程称为逆向设计、反求工程或反求设计。

逆向设计工作中，大量重要的工作是进行曲面设计及处理。逆向设计的过程可以看成曲面设计的过程。逆向设计者有时比正向设计者更有挑战性。从某种意义上看，逆向设计也是一个重新设计的过程。在逆向设计一个产品之前，设计者首先必须尽量理解原有模型的设计思想，对设计对象进行仔细分析，同时要注意以下一些要点：

(1) 对象是否有缺陷，如不完全对称、异常凹坑和突起等。这些缺陷可能要进行修复或逆向设计时进行修复。

(2) 确定设计的整体思路，对自己手中的模型进行系统分析。面对大批量的无序的点云数据，初次接触的设计者会感到无从下手，这时首先应考虑好先做什么，后做什么，用什么方法做，主要是将模型划分成几个特征区，得出设计的整体思路，并找到设计的难点，基本做到心中有数。

(3)确定模型的主体曲面。对于一个产品，主体曲面构成整个产品曲面最为重要的部分，即通常所说的大面。主体曲面一旦确定，整个产品的形状也就确定了。而关键曲面的光顺度是否合格，直接决定整个 CAD 模型是否合格。一些细节即使存在问题，也不影响模型。

(4)曲面重构是逆向设计的重点，对于不同形状的曲面类型，要选择相应的曲面模块。对于自由曲面，如汽车、摩托车的外覆盖件和内饰件等，一般需要具有方便调整曲面和曲线的模块；对于初等解析曲面件，如平面、圆锥面等则没有必要用自由曲面代替一张显然是平面或圆锥面的面。

(5)在确定基本曲面的控制线时，需要找出哪些点和线是可以用的，哪些点和线是一些细化特征的，需要在以后的设计过程用的，而不是在总体设计中就体现的。事实上一些圆柱、凸台等特征是在整体轮廓确定之后，测量实体模型并结合扫描数据生成的。同时也应该选择一些扫描质量较高的点或线，对其进行拟合。

(6)曲线的光顺性调节是非常重要的。由于测量过程中得到的是离散点数据，缺乏必要的特征信息，常常存在数字化误差，需要对其进行光顺处理。在逆向设计中，扫描或拟合得到的曲线一般很难保证其光顺性，为了构造出一条光顺的插值曲线，需要修正原型值点顺序，利用软件的相关功能模块进行调整。设计的准则是曲率的极值点尽可能少；相邻两极值点之间的曲率尽可能接近线性变化。

(7)由于逆向工程中曲面造型既要保证曲面质量，又要保证计算精度。因此，除了对原始值点进行光顺处理之外，有时还要控制修改后的型值点同原始型值点的坐标偏差，该偏差不应太大，以保证设计部门给出的指标不致受太大的影响。

7. 逆向工程技术发展

经过 20 年的研究发展，逆向工程的技术方法、流程已实用化，在产品的开发中已得到广泛的应用，对应于逆向工程的各个流程，也已形成专业开发商，但是逆向工程技术仍在发展之中，仍有许多问题有待解决。总体来说，逆向工程技术的研究和应用仍然需要在以下方面发展。

1)技术方面

(1)对实物外形的测量仍然存在误差和遗漏，如何根据实物的特点进行测量路径的规划，仍然是研究的一个重要目标。

(2)复杂曲面重建技术，尤其是由多个子曲面拼合而成的组合曲面，由于其表面特征识别的难度增大，影响了后续的数据分割和造型处理。

(3)曲面光顺和模型评价。曲面光顺只是针对曲面片，对一个整体的曲面却没有光顺的办法，在目前的 CAD 系统中，通过调整曲面的控制顶点去调整曲面的形状是一项比较难操纵的技术，很难做到控制曲面的光顺。在模型精度的评价方面，依靠最小距离进行模型评价是一种简单的方法，但不是最好的方法。

（4）CAD 软件。目前 CAD 软件的处理技术、造型技术仍不完善，模型的质量高低仍然受操作者的经验、水平的影响。

（5）集成系统。国际著名的 CAD 软件公司已开发了集成的 CAD 专用逆向软件，但是不同软件的数据传输仍需用通用的数据格式，在数字化设备与造型软件的集成方面没有得到较大进展。

2）工具方面

对于具体的流程，多数企业与研究单位只能选配一种方式的设备和软件，如选择接触测量和非接触测量，以及 CAD 系统软件等，由于不同的测量方式和设备都有其特点和不足，且适用于不同的应用范围，所以技术的通用性受到一定限制，应针对产品的特点选择软件和设备。

3）人员方面

逆向工程技术的应用仍然是一项专业性很强的工作，各个过程都需要有专业人才，对三维模型重建人员有很高的技术要求，除了解产品的特点、制造方法和熟练使用 CAD 软件、逆向造型软件，以及熟悉上游的测量设备，以了解数据特点外，还应了解下游的制造过程，包括制造设备和制造方法等。

第2章　拖拉机造型设计美学理论

拖拉机造型设计是工程技术与美学相结合的一种现代设计方法，涉及形态美学、人机工程学、消费心理学及价值工程等多个学科，与拖拉机的内部构造、整体结构形态、色彩、肌理及装饰等设计因素有关，贯穿于产品设计的整个过程。在进行拖拉机造型设计时，首先应对其设计原则、要素、美学法则、演变规律、特点及发展趋势等进行科学的分析与研究。

拖拉机造型设计的目的是如何应用相应的设计原则、造型美学法则及色彩设计等理论，在特定条件下处理产品造型、人及环境之间的关系，开发在视觉上与时代同步的现代拖拉机造型，以满足人们的需要。

2.1　拖拉机造型设计的要素及原则

拖拉机造型设计包括物质功能、技术条件和精神功能三个基本要素。物质功能是有关拖拉机的用途及使用价值情况，对拖拉机的结构和造型起主导性作用，即"功能决定形式"。技术条件是指拖拉机造型物化的材料及制造技术手段，拖拉机造型的实现依赖于材料的性能、特征及制造工艺方法，对产品造型设计有直接影响。精神功能是利用拖拉机的技术条件，对拖拉机造型的物质功能进行特定的艺术性表现，拖拉机造型的艺术性具有提升品牌形象、满足人们对拖拉机视觉愉悦要求等功能，精神功能是拖拉机物质功能和技术条件的综合体现。

拖拉机造型设计的三要素是相互依存、相互渗透、相互制约的(图2-1)，并与拖拉机造型的实用性、时代性、科学性密切相关。

实用、经济、美观是拖拉机造型设计的基本原则，也是拖拉机造型设计三个基本要素的体现。实用是产品必须具备一定的使用功能，是造型设计的目的，对应要素为物质功能。经济就是恰当地选择材料及制造工艺，尽可能以最低的成本获得优良的产品造型，对应要素为技术条件。美观是由产品的形态构成、色彩构成和材质(简称形、色、质)的

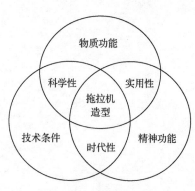

图2-1　拖拉机造型设计的三要素

运用体现出的整体美感，对应要素为精神功能。

实用、经济、美观三者虽相互联系，但又有主次之分。实用是首要条件，美观次之，经济是对二者的约束。在提高产品的实用功能时，应兼顾其经济效果与社会作用。

拖拉机造型设计没有绝对的标准，但应体现出对应的时代性、社会性和民族性。例如，20 世纪 60 年代进口联邦德国的汉诺马克拖拉机的机罩呈长方形，造型普通，在我国的销售很不理想。影响拖拉机造型设计的相关因素众多，主要有如下因素。

1)物质功能

物质功能是指产品的用途和使用价值，是产品赖以存在的根本所在，对产品造型起着主导性作用。产品的造型设计要考虑人机系统的协调性，给人以亲近感，使人感到操作舒适、安全、省力、高效，从而更好地体现出产品的功能特点和效用。

拖拉机作为农业现代化的重要装备，其造型设计首先要满足人们使用的需要。在拖拉机诞生之初，人们对拖拉机的最初要求就是代替人力从事犁耕、运输等简单的农业生产劳动，因此拖拉机的造型非常简单。随着技术的发展，人们开始注重工作环境的改善，因此出现了遮风、挡雨、降噪的驾驶室。随着大型农场的出现，大中型拖拉机应运而生，拖拉机作业的自动化程度有了大幅度提高，作业面越来越广，为便于驾驶员独立作业，前后悬挂的农机具需在驾驶员的视野范围内，因此拖拉机机罩以及驾驶室前挡风玻璃采用曲面设计，这使得拖拉机呈现出"曲"的造型设计特征。由此看来，拖拉机的物质功能是拖拉机造型设计所要考虑的重要因素之一。

2)新技术、新材料、新工艺

机械工业的发展能够体现出科学技术的发展水平，同时科学技术的进步也必将推动工业产品的设计开发。新技术、新材料、新工艺的不断涌现，为拖拉机的造型设计提供了更大的发展空间。例如，冲压技术的出现为裸露的拖拉机机体上增加覆盖件创造了条件，并随着冲压技术的发展，工业设计师运用曲面设计的意图也得以实现。由此看来，企业生产技术条件的高低直接决定着其造型设计的质量，技术越先进，工艺越成熟，工业设计师的设计意图越能得到更充分的展现。

3)社会环境

消费者的需要极大地反映了社会需求，而消费者的审美观、购买欲望又受所处社会环境的影响。随着人类社会的不断发展和进步，人们的审美观也随之发生变革，拖拉机的造型风格必将紧跟时代步伐才能不断满足人们的审美需求、适应社会需要。20 世纪前半叶，两次世界大战的爆发使得整个社会动荡不安，人们整日生活在恐慌、忙乱之中，对和平、安宁生活环境的向往十分强烈，从而柔和感较强的拖拉机造型迎合了用户的心理需求，颇受用户欢迎。第二次世界大战后，社会形势发生了重大变革，人们生活在一个安宁、舒适的环境中，工作积极性也随之提高，机器大工业得到飞速发展，生活节奏随着工业化程度的提高不断加快，在这样的环境形势下，简洁、奔放、热情、大方的拖拉机造型更符合人们的心理需求，深受用户喜爱。

4) 经济因素

对于企业，经济利益是企业得以生存和发展的不竭动力，拖拉机作为一个量产的机械设备，每一次产品的设计与开发都将对企业的最终利益产生重大影响。因此，拖拉机造型的发展势必会受到经济因素的约束和限制。

拖拉机造型良好的视觉效果就必须依靠一些性能优良的材料和特殊的生产工艺来完成，那么如何消耗尽可能少的成本而获得可观的经济效益，这是每一个产品的设计开发者都必须考虑的问题。

应用新材料是实现成本降低的重要途径之一。一些性能优良的新材料不但能在保证足够强度的前提下减少使用量，而且加工方便。例如，在拖拉机的驾驶室框架上采用异型钢管作为生产用材，不仅减少了钢材使用量，而且提高了框架的刚度和强度，降低了拖拉机的生产成本，更为重要的是驾驶员的视野也变得更加开阔，并且在造型上突出了虚实对比的美感，增强了拖拉机造型的视觉效果。

另外，成本与加工工艺的发展水平也有着密切关系。例如，拖拉机驾驶室的前挡风玻璃采用圆弧形设计不但可以拓宽驾驶员的视野，而且在造型上也显得柔和，给人一种亲切感，但在相当长的一段时间内受工艺水平限制，弧形玻璃的加工只能靠手工弯曲，成功率非常低，这直接导致生产成本的增加，因此在企业的经济利益面前驾驶室的前挡风玻璃只能采用平面结构。随着玻璃加工工艺水平的提高，在不增加生产成本的前提下，圆弧玻璃的加工得到实现，拖拉机前挡风玻璃的圆弧形造型的视觉效果显得更加饱满、热情。

2.2　拖拉机造型设计色彩

色彩是物体受光后反射作用于人的视觉器官，引起人的视觉神经兴奋传输给神经中枢而产生的色感觉。色彩对拖拉机造型的美学品质有直接影响。

1. 色彩对人的心理、生理的作用

不同的色彩可给人不同的情感，例如，以绿色、蓝色等作为主色调的拖拉机，可给人深远、凉爽的感觉。人们长期在自然界中生活，通过对自然现象的联想会

对不同的色彩产生如冷、暖、动、静、软、硬等物理感觉，如以深红色、橙红色等暖色作为主色调的拖拉机，与农田的环境色形成鲜明的对比，给人以流动、明快之感，容易辨认。色彩的对比在拖拉机造型设计中经常用到，如图 1-2(a) 所示的约翰迪尔 JDT654 型轮式拖拉机造型采用了三种色彩，主色调为草绿色，辅助色调为黑色和白色，产生色相对比；而在侧罩前端设计的橙色转向灯，与草绿色的主色调形成了冷暖对比。

色彩引起的联想具有一定的象征意义和社会属性，因此了解和掌握不同地区及民族对色彩的情感因素，把握其好恶心理，有利于对拖拉机造型的色彩进行科学设计。

2. 拖拉机色彩

在拖拉机造型设计中，由于拖拉机的体积较大，通常在主色调的基础上辅以两种或三种辅色彩。拖拉机主体色的选择应采用与农田环境对比鲜明感强的色彩，如朱红、橘红、蓝等。

拖拉机造型色彩的设计应遵循美学法则，对于大面积单一色彩的机罩或驾驶室，可以使用对比强烈的色彩来装饰和分割原色彩，以产生轻巧与稳定的作用。采用两种主色调时，应上下分清主次，注意对比的适应性，按上浅下深的原则配色，以取得上轻下重的稳定感。如图 2-2 所示，德国克拉斯拖拉机造型采用对比度高的草绿色和红色，以草绿色为主色调，轮盘以红色为辅，给人极强的视觉冲击力。白色的驾驶室顶棚、黑色轮胎及黑色驾驶室框架降低了对比的力度，将四个轮子制成黑色，使整体造型视觉具有较强的稳定性。朱红色的标志与车轮轮盘的红色形成呼应，整体效果较协调。该方案中黑、白、草绿、红组成了非常丰富的色彩层次关系和强烈的对比效果，色彩纵向节奏感清晰，整体色彩感觉强烈。

图 2-2　克拉斯拖拉机

拖拉机机罩处于人的视觉中心，成为色彩变化效果最好的区域，一般采用对比较强的色彩或材质的本色来活跃整体色彩，同时也强调色彩的轻巧、对比和稳重。如图 2-3 所示，机罩采用不同的颜色及形状可表达不同的效果。

图 2-3　拖拉机机罩造型

商标、厂牌、厂名彩带以及各种操纵手柄旋钮使用鲜艳的警惕色，对整机的色彩效果起到突出重点的作用。

具有一定规模和影响的拖拉机生产企业，进行拖拉机造型主体色的设计时会遵循一定的传统，如万国公司和雷诺公司的拖拉机造型色彩多为红色，芬特公司和道依茨公司的拖拉机造型色彩为浅绿，福格森公司的拖拉机造型色彩为朱红，约翰迪尔的拖拉机造型色彩为绿色，一拖公司的拖拉机造型色彩为红色，菲亚特公司的拖拉机造型色彩为橙黄，凯斯公司的拖拉机造型色彩为白色，但近年来也有改变。

2.3　拖拉机造型设计美学

造型分为狭义造型和广义造型。狭义造型只表示产品在三维空间的形状；广义造型则包括形态、色彩、材质等可被人的感官感知的特性及抽象出来的概念性特征。本节从广义造型的定义出发来研究拖拉机造型设计的艺术性。

1. 形态构成要素及其视觉效果

拖拉机造型反映在人的视觉中，是由点、线、面、体等集合成的外形轮廓与色彩交织在一起给人的感官感知。点、线、面、体、肌理是构成形态的基本要素，要研究拖拉机造型，首先应对构成形态基本要素的特征进行研究。

1）点

几何学中的点是没有大小与形状的，但在造型设计中，点不但有大小而且有形状与面积。造型设计中的点是指在背景上相对细小的不同视觉的影像。

点是造型最基础的元素。点按照一定的方式组合起来，可形成不同的图案化效果，给人不同的感觉，如图 2-4 所示。点的合理运用可展现出拖拉机的结构及虚实关系等，从而产生丰富生动的艺术效果。

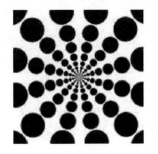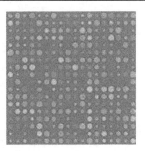

图 2-4 点的效果图

2）线

造型中的线是指产品上的交接线、曲面的轮廓线、装饰线、分割线等有线视觉效果的形、色、光影轮廓。线不但可表现物象的表面轮廓，还可以运用其长短、粗细、曲折、转折形状来表达出物象的动态、质感及凹凸等感觉。在图案的造型中，通过线的不同形状及不同线形的组织与变换可表达不同的视觉效果。利用线条长短、间距、方向顺序等因素的变化，可使图形具有动态感和立体感，如图 2-5（a）所示。通过线条方向不断改变及规律性的对比，可使形体产生放射感、旋转感，如图 2-5（b）所示。通过直线粗细、方向、长短等因素的变化，做有规律的反复可使造型中的线条产生流动感，如图 2-5（c）所示。

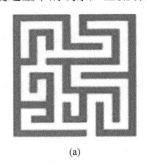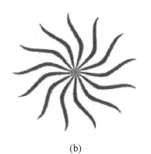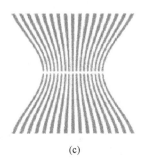

(a)   (b)   (c)

图 2-5 线的效果图

3）面

造型中的面是指包围一定空间的平面几何图形。面形可由一个凸凹的区域或颜色等分割而成。不同的面形可给人不同的心理感受，如图 2-6 所示。

(a) 端庄   (b) 完美温暖   (c) 挺拔   (d) 动感   (e) 稳定轻巧   (f) 敏锐

图 2-6 面的效果图

4）体

在几何学中，体是面的移动轨迹，是具有长、宽、高的三维度空间的单元体。不同构成体的面形或体的视向线给人的视觉感官不同。

造型物视觉的重量称为体量，体量大显得稳定、充实，体量小则显得轻盈、灵便。曲面立体给人以温和、亲切、有动感的感觉。平面立体则显出单纯、规则、有静态感。如图 2-7 所示，两款拖拉机造型的形体差别给人的感受明显不同。

图 2-7　体的效果图

5）肌理

肌理是指物体表面微元的组织构造形成的整体效果。例如，产品表面可通过触觉感受到的粗细、软硬、纹理方向等称为触觉肌理；通过视觉感受到的如木材的纹理、文字图案等称为视觉肌理。肌理是通过表面的形态、色彩及光影产生的，不同的肌理能产生不同的心理感受，如粗糙的表面给人以笨重含蓄感，光顺的表面给人以轻快柔和感。图 2-7 所示的两款拖拉机造型的肌理给人的感受不同。肌理在造型设计中的运用应视造型整体或局部的功能、环境而定，目的是使造型具有整体美感和舒适感。

6）立体构成

将形态要素按一定规则或原则组合而成的立体形态称为立体构成。立体构成主要是对立体形态进行分解、组合和创造的研究，为造型设计积累形象资料。立体构成形态的感染力来自视觉上的稳定感、形象明确的整体感、节奏的秩序感、扩张的心理空间感及运动感等。如图 2-8 所示，点、线、面、体的构成可给人不同的感觉。

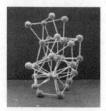

(a) 点的构成　　　(b) 线的构成　　　(c) 面的构成　　　(d) 体的构成

图 2-8　立体构成的效果图

拖拉机造型设计具有立体构成的特征,如拖拉机造型可看成点、线、面、体等立体元素的组合构成。只有合理地结合各种相关因素,才能使拖拉机造型设计成为一个完整、合理、科学的过程。

2. 拖拉机造型设计的形式美法则

拖拉机造型设计是对拖拉机造型的功能及形式美共同研究的过程,只有拖拉机的形式和功能达到和谐统一,拖拉机造型才具有真正的审美意义。形式美是以人的心理和生理需要为基础,人们长期对大量事物的美学形式进行研究、归纳、总结出来的基本规律,反映了多种审美要求的多个方面,也就是形式美的若干法则。在拖拉机造型设计中应根据具体情况灵活地运用这些规律。形式美法则主要包括以下几个方面的内容。

1)统一与变化

统一是指造型的一致性,使产品具有整体感和协调感,其作用是使造型趋于一致,且具有条理性。变化是指造型的差别和多样化,其作用是克服保守、呆滞感,使造型具有生动性。拖拉机造型设计中的统一变化主要体现在对比和突出重点两方面。对于拖拉机造型设计,对比的手法主要为线型的对比和色彩的对比。拖拉机造型设计中的变化的统一主要体现在线型、色彩和主要比例三个方面。

拖拉机造型线型的统一与协调,是拖拉机造型设计的一个重要方面。主体的线型风格应统一,即构成拖拉机造型轮廓的几何线型要保持一致,达到线型风格的协调与统一。图 2-9(a)为约翰迪尔 JDT654 型轮式拖拉机造型,其以直线为主,面罩、侧罩、驾驶室、轮罩轮廓均由直线构成,面与面之间采用小圆角过渡,表现出刚、直、方正的造型格调;而机顶罩为弧形设计。通过线型的对比,在以直为主的拖拉机造型中增加了曲的成分,使拖拉机造型产生刚中见柔、活泼的艺术效果。

单个拖拉机主辅体色风格也应统一协调,图 2-9(b)为上海 SNH654 型拖拉机造型,其整机造型采用了三种色彩,主色调为蓝色,辅助色调为黑色和白色,形成色彩对比;在机罩的前端,设计有橙色转向灯,与主色调蓝色形成冷暖对比,既体现了变化性又强调了统一协调。同一企业生产的系列拖拉机的风格也应该统一协调,这样可表现出企业的凝聚力及产品形象的和谐美,图 2-9(c)为约翰迪尔生产的 JD9320 型与 JD9520 型系列拖拉机造型,其表现出线型风格的协调与统一。

2)调和与对比

调和指线、形、色等方面在造型体各部分间的内在联系,并最终取得协调完

(a) 直拖拉机造型　　(b) 上海SNH654拖拉机造型　　(c) 线型风格统一的系列拖拉机造型

图 2-9　统一与变化的表现

整的效果。对比是突出同一性质构成要素间的差异性，通过各要素间的相互作用与烘托，使形体表现出活泼和个性鲜明的特性。

调和与对比的手法主要有线面的调和与对比、体量的调和与对比、色彩的调和与对比、方向的调和与对比、虚实关系的调和与对比以及系统风格的调和与对比等。若只强调拖拉机造型调和，则会使人感到单调，反之易使人产生无序或杂乱的感觉。正确协调调和与对比的关系，应使拖拉机造型既具有生动活泼的形象，又具有协调与统一的效果。

调和与对比的手法在上海 SNH654 型拖拉机造型（图 2-9(b)）中有多方面的体现，在线型和面方面，该机整体造型以曲面、曲线为主；其顶罩、侧罩、轮罩及驾驶室顶盖等均由曲面曲线构成，形成了调和，而面罩、驾驶室框架等由直平面、直线构成，与整机的曲形成了对比；在色彩方面，主体的蓝色与轮毂的白色形成了调和，而轮胎的黑色和轮毂白色、主色调的蓝色和转向灯的橙色构成了对比；在虚实关系方面，黑色的轮胎为实与透明的玻璃门窗驾驶室的虚相比，给人的感觉是轮胎在前、机身在后、整机具有层次性；在体量和方向方面，排气筒的细长与驾驶室框架、稳固的整机造型及四个车轮相比，形成了高低、垂直、水平、大小与粗细的体量和方向对比，整机显得既坚实又活泼。

3) 对称与均衡

对称是两个或几个局部的部件成比例或形状相等。从拖拉机造型的前方看，车轮、前灯、左右后视镜及形体等的正面以中心线为轴的对称设计方法比较常见。对称设计可给人规整、稳重的感觉。但若过分强调对称，则会给人呆板、单调之感。

均衡是以支点为重心，保持不同形体平衡的一种形式。产品造型的均衡主要是指造型物要素构成的量感。产品造型中的量感，是人的视觉对造型的形、色、质等要素和重量等物理量的综合感觉。均衡的表现形式有四种：同形同量平衡、同形不同量平衡、同量不同形平衡及不同形不同量平衡，如图 2-10 所示。在拖拉机造型设计中，采用对称与均衡的设计手法会使产品的造型给人生动、活泼而又具有稳定、有序的感觉。

(a) 同形同量平衡　　　(b) 同形不同量平衡　　　(c) 同量不同形平衡　　　(d) 不同形不同量平衡

图 2-10　均衡表现

4) 节奏与韵律

节奏是一种具有周期性的、有规律的运动变化形式, 其主要特征是各成分间隔的重复。韵律是一种周期性的规律, 即做有规律的重复或有组织地变化。节奏是韵律的条件, 韵律是节奏的深化。

在拖拉机造型设计中, 像整机造型、机罩、面罩等常采用节奏与韵律的手法。图 2-11(a) 所示的拖拉机面罩造型, 上部为横向水平线的透气窗, 下部运用了连续重复的横向水平线进行构图, 两种图案形成对比, 使得面罩的造型形象既具有完整性又显出节奏性。图 2-11(b) 所示的轮式拖拉机整机造型前视图, 其面罩的设计使整机造型具有对称、起伏的韵律美。图 2-11(c) 所示的拖拉机后轮轮胎造型, 其环形排列的花纹具有动感、连续的韵律, 能突出拖拉机前进的动力性。

(a) 拖拉机面罩造型　　　　(b) 轮式拖拉机整机造型前视图　　　　(c) 拖拉机后轮轮胎造型

图 2-11　节奏与韵律的表现

5) 稳定与轻巧

稳定与轻巧均是指拖拉机造型上下间的轻重关系。轻巧是在满足实际稳定的条件下, 利用艺术创造的方法进行产品造型设计, 使拖拉机造型给人以运动、轻盈、灵巧的美感。稳定则能给人安全、稳重的感觉。

稳定与轻巧是一对相对的形式法则, 两者互为补充。由于结构和功能的要求, 拖拉机的重心一般较低, 为了获得视觉上的稳定且具有一定的速度感, 通常采用色彩分布和线条分割的方法进行稳定与轻巧表达。杰西博(JCB)公司生产的 7230 型拖拉机造型如图 2-12 所示, 为了获得视觉上的稳定, 采用色彩分布和线条分割的方法; 其驾驶室顶选用黄色, 周围采用不透明玻璃, 机身下为黑色, 加上黑色的轮胎，形成了下重上轻的稳定效果；其面罩与顶罩和侧罩的颜色形成明暗对比，又与侧罩的竖线形成对比，形成了视觉中心，给人以活泼、轻快的感觉。

图 2-12　稳定与轻巧的表现

6) 比例和尺度

比例是指拖拉机造型局部与局部、局部与整体之间的匀称关系。尺度是以人体尺寸为标准，对产品造型进行相应的衡量，表示造型体量的大小，以及同其自身用途相适应的程度。

影响拖拉机造型设计中形体比例尺寸的因素有科技的发展、产品功能的扩展、结构布局的改变和人们审美观念的变化等。人们经过长时间研究与总结，得到了拖拉机造型设计的一些表达美的常用比例尺寸，如黄金比(黄金矩形)、平方根矩形和整数比矩形等。

根据国内外不同时期四轮拖拉机造型主要的尺寸和参数数据，以拖拉机尺寸为一个总体 X，测得样本容量 $N=58$ 的样本观测数据。经统计分析可知，总长与轴距之比多数在 1.618 左右，近似服从正态分布。随着时代的不同，同一公司生产的拖拉机的总长与轴距之比有一个发展变化过程，以约翰迪尔拖拉机尺寸为例，20 世纪 30 年代总长与轴距之比为 1.40 左右，70 年代初期为 1.56 左右，80 年代末为 1.64 左右(约等于 1.618)；车顶高度(排气管高度)与车头高度之比为 1.51~1.70，也近似服从正态分布。

综合不同时期的统计分析发现，拖拉机造型的总长与轴距之比、车顶高度(排气管高度)与车头高度之比、面罩侧罩长宽比有向黄金比发展的趋势，能满足人们对比例尺寸的审美观念。

第 3 章　拖拉机造型设计技术与平台

拖拉机作为农业现代化的重要装备，面临的竞争日益加剧。为适应市场的发展需要，拖拉机产品更新换代周期越来越短，过去大批量、规模化的生产模式已无法适应社会需求，这就迫使企业卷入新一轮的竞争——设计的竞争。面对激烈的竞争环境，企业的生产活动必须具有高度的敏捷性(agility)、动态性(dynamic)和柔性(flexibility)，才能经得起市场的严峻考验。因此，应用拖拉机造型的设计方法和先进的设计技术已成为拖拉机生产企业赢得市场的重要途径。

3.1　拖拉机造型设计

3.1.1　拖拉机造型设计任务

拖拉机造型设计主要是车身设计。车身是拖拉机除了发动机与底盘外所有零部件的总称。拖拉机车身结构的层次可以划分为总成、分总成和零部件，因此可按照总成、分总成、零部件的层次对设计任务进行分解。对于特定的拖拉机车型，拖拉机车身是固定的。拖拉机车身的分解如图 3-1 所示，其设计主要由驾驶室总成、覆盖件总成和车身装饰总成组成，而这些子任务可向更低层次进行任务分解，如拖拉机驾驶室总成可以分为安全架、车门、顶棚等子任务。各子任务分别由不同部门的技术人员来完成。

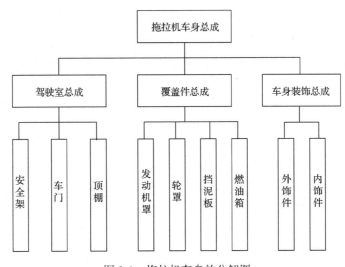

图 3-1　拖拉机车身的分解图

　　基于拖拉机车身的分解结果可对其造型设计进行子任务的分配，并按照分配的任务进行逆向设计。根据拖拉机车身的分解图可以确定拖拉机车身造型设计的开发任务，拖拉机造型设计的主要开发任务如表 3-1 所示。由表可知，拖拉机造型设计任务量大，同时拖拉机造型设计的任务能够分解为低层次的任务，因此拖拉机造型设计是一个复杂的任务链。另外，拖拉机造型设计由多个不同部门的多个技术人员参与完成，技术人员组成了一个动态的设计层。为了有效地实施设计，应将拖拉机造型设计看作一个整体项目，依照拖拉机造型设计的主要任务表，将拖拉机造型设计总项目分解为多个分项目，对各个分项目进行合理的管理和控制，优化拖拉机造型设计过程，提升设计的有效程度。

表 3-1　拖拉机造型设计的主要任务

任务号	任务名称	执行部门
1	市场调研、情报搜集、市场需求分析	市场经营部
2	竞争车型分析、原车型确定	市场经营部、企业管理决策部
3	草图及效果图绘制、方案评审	油泥模型部、企业管理决策部
4	拖拉机总布置设计	设计部
5	油泥模型制作、评审	油泥模型部、企业管理决策部
6	拖拉机车身外表面测量	测量部
7	拖拉机驾驶室内饰件测量	测量部
8	点云数据调整与处理	数据处理部
9	曲面分块	建模部
10	拖拉机驾驶室总成设计	建模部、结构设计部
11	拖拉机覆盖件总成设计	建模部、结构设计部
12	拖拉机装饰总成设计	建模部
13	结构运动干涉分析	虚拟装配部
14	拖拉机车身仿真分析	CAE 分析部
15	工艺设计与规划	工艺部
16	加工制造	制造部

3.1.2　拖拉机造型设计控制

　　拖拉机造型设计的细分任务繁多，并且各任务之间存在复杂的、密不可分的关系，因此应在分析拖拉机造型设计的主要任务及任务间相互关系的基础上，建立能够表达子任务时序关系的拖拉机造型逆向设计过程模型，以便考虑子任务之间的层次性，节约设计时间。如图 3-2 所示，拖拉机造型逆向设计过程可分解为多个能够相互调用的分项目流程，以便按照项目组织的方式对拖拉机造型设计过程项目进行控制。

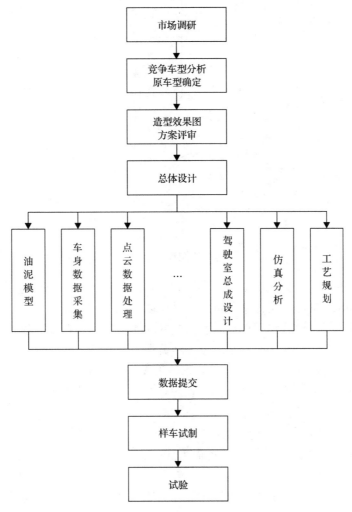

图 3-2　拖拉机造型设计过程项目控制

3.2　拖拉机造型设计方法

3.2.1　拖拉机造型设计传统方法

拖拉机车身主要由一些形体多变的曲线、曲面构成。对于传统的拖拉机造型设计，计算机的辅助作用仅限于一些简单曲线的绘制，复杂曲线、曲面的创作仍停留在手工创建阶段。传统的拖拉机造型设计流程如图 3-3 所示。

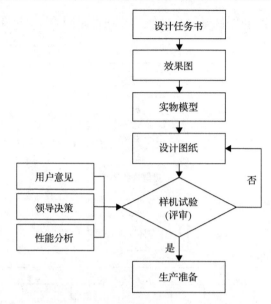

图 3-3　传统的拖拉机造型设计流程

严格来讲，传统设计流程中，计算机只能作为造型设计开发的辅助绘图工具，尚不能作为计算机辅助设计来分析，其具有以下特点：

(1)对设计人员经验的要求比较高。拖拉机车身的自由曲线不能在计算机中表达出来，只能凭借设计人员丰富的设计经验在工程图纸上完成。

(2)设计质量差。工程设计人员依据美工人员的设计效果图创建模型，常因设计人员的理解思路与美工人员的创作意图存在偏差，致使美工人员的创意效果不能得到完美呈现。

(3)数字化程度低。传统的造型设计过程缺少虚拟试验和仿真，创建的样机需要反复修改和调试，工作人员还需为此付出艰辛劳动，致使产品的设计周期比较长。

可见，传统的拖拉机造型设计方法已无法满足拖拉机产品快速适应市场的需要，已逐渐被逆向造型设计方法所取代。

3.2.2　拖拉机造型设计现代方法

1. 基于逆向工程的拖拉机造型设计方法

逆向工程(reverse engineering, RE)又称反求工程，包括实物反求、影像反求和软件反求。拖拉机造型设计运用较多的是实物反求，其研究对象主要为引进产品或设计师创作的实物模型。实物反求是从认识原型开始，对实物原型进行重建，在创建过程中升华概念、提高认识，融入创造性设计，最终超越原型的一个过程。

逆向工程作为近年来发展起来的一种消化吸收原有产品技术、提高产品质量、实现产品创新的设计方法，已引起人们广泛重视。

基于逆向工程的拖拉机造型设计通过抽取已有产品或设计方案的主要特征作为新产品设计的基础，使得产品的设计、加工、制造的总周期大大缩短。基于逆向工程的造型设计分为方案设计、实物模型展示和三维数据模型创建三个阶段，具体设计流程如图 3-4 所示。首先需要造型设计师根据市场需要确定拖拉机造型的初期设计方案，然后模型师依据设计方案制作实物模型，实物模型的制作是设计师探讨车身曲线、加深概念认识的重要阶段，在这个阶段需要参考工艺部门、加工部门的设计意见，以确定产品的工艺可行性和结构合理性，同时征求领导和用户的美学意见，以确定造型设计的最终方案，最后结合三维坐标测量工具和逆向造型软件构建出拖拉机车身的三维数据模型。

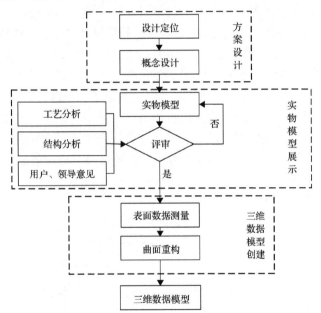

图 3-4 基于逆向工程的造型设计流程

与传统设计方法相比，基于逆向工程的拖拉机造型设计具有以下特点：

(1)逆向工程的研究对象为摆在人们面前的实物模型，使得设计效果能够在三维数据模型创建之前得到充分地斟酌和完善，并且便于领导层的决策、评审，获得修改意见。

(2)依据通过评审的实物模型，可以开展拖拉机车身附件设计，使得多项工作同步进行。

(3)采用逆向工程的造型设计方法使得拖拉机的实物模型能够再现于产品的造型设计与制造当中，使得设计师的设计理念与设计思路得到完美展现。

(4)通过逆向设计建立的车身数据模型,可用于强度、刚度分析,减少实物样机的试验和修改次数,依据专业软件在计算机上模拟产品成型过程,提高冲模设计的成功率。

但是,逆向造型设计过程中,手工制作、修改油泥模型(特别是 1:1 油泥模型的制作)仍需耗费大量的时间和人力,设计开发的速度受到限制。目前很多设计机构把数控加工技术和快速成型技术融入逆向造型设计过程中,不但提高了造型设计的开发效率和模型的表面质量,同时还便于对油泥模型进行修改,弥补了以往逆向造型设计过程中的不足。

2. 基于虚拟现实技术的拖拉机造型设计方法

虚拟现实(virtual reality,VR)技术又称灵境技术,是一种能够通过各种传感器的反馈实现人与信息环境直接交互的计算机高级界面,其综合利用了计算机图形学、仿真技术、多媒体技术、人工智能技术、计算机网络技术和传感器技术等,模拟人的视觉、听觉、触觉等感觉器官的功能,使工程设计人员能够融入虚拟环境中,通过语言、手势等自然的方式与虚拟环境进行实时交互。虚拟现实技术的出现为三维数据模型的美学评审、虚拟装配和运动仿真提供了一个良好的技术平台。

基于虚拟现实技术的造型设计流程如图 3-5 所示,这种造型设计方法在确定造型设计方案后,首先利用三维造型设计软件构建出造型方案的初期三维数据模型,然后借助虚拟现实技术进行工艺和结构分析,并获取领导和用户的美学修改意见,对模型进行适时调整,最终获得拖拉机车身的三维数据模型。

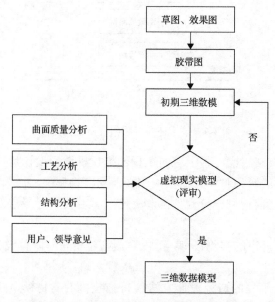

图 3-5　基于虚拟现实技术的造型设计流程

基于虚拟现实技术的造型设计具有以下特点：

(1)虚拟现实技术为车辆的造型设计提供了一个全数字化的开发平台。在造型设计过程中，由于草图和效果图不能展现产品的实际设计效果，为探讨车身曲面、完善设计思路，就必须制作出产品的实物模型，而虚拟现实技术的应用，使得三维数据模型能够展示出产品在现实生活中的真实性，从而在省去制作实物模型这一费工、耗时工序的前提下，设计人员能够"身临其境"地分析和评价造型设计的真实效果，有助于深化概念、加深认识，进而对产品造型进行优化升级。

(2)虚拟展示的三维数据模型经过着色、渲染，具有逼真的质感，并且可以根据实际需要显示出不同的色彩方案，便于用户提出参考意见以及领导层的评审和决策。

(3)虚拟现实技术为造型的结构分析、虚拟制造提供了一个良好的支持平台，三维数据模型在参数的控制下可实现虚拟装配、干涉检查和运动仿真，能及时发现问题，从而提高设计的一次成功率。

但是，由于人对事物的直观感觉依赖性比较强，并且虚拟现实技术尚处于发展完善阶段，虚拟展示出来的效果与实际加工生产的实物往往存在较大偏差，由此限制了虚拟现实技术在造型设计中的推广和应用。目前，在造型设计开发过程中，虚拟现实技术的应用仅限于三维数据模型的初期评审。鉴于设计过程的敏捷性、高效性，基于虚拟现实技术的造型设计方法必将成为造型设计的重要发展方向。

通过以上分析可知，基于逆向工程的拖拉机造型设计方法更适合当前生产发展的需要，下面对拖拉机造型设计的数字化关键技术予以分析，以便在造型设计过程中融入先进的数字化设计技术，实现拖拉机造型设计开发的数字化操作。

3.3　拖拉机造型逆向设计的关键技术

实物逆向工程技术是利用 CAD 软件对实物模型的测量数据进行模型重建的过程，其关键技术主要包括数据测量技术、数据处理技术和曲面重建技术等。

3.3.1　数据测量技术

数据测量是利用特定的测量设备及测量方法来获得样件表面离散点的几何坐标数据。样件表面的坐标数据测量是进行实物逆向工程的基础和前提，数据测量的速度和质量直接影响 CAD 曲面模型重建的进度和效果。合理的测量规划与合适的测量方法是完整、快速地获取样件表面数据的基础和保证。

1. 测量规划

数据测量的目标是快速、准确、全面地获取逆向对象表面的信息。为了达到这一目标，在进行测量前，要认真分析测量对象的结构特点，做出可行的测量规划。测量规划的主要内容有以下方面。

1) 准面的选择与定位

在选择定位基准时，需要重点考虑测量的方便性和测量数据的完整性，因此应尽量避免测量死区，选择便于测量的定位面。为了防止测量对象与测量设备接触时位置发生改变，应保证定位可靠，以确保测量数据的准确性。在进行装夹测量设备时，为了避免测量部位因受力而产生过大变形，应保证待测量部位处于自然状态。通常情况下，可选择测量对象的底面、对称面或端面作为测量基准。在测量数据时，应尽可能减少基准的变换，尽量通过一次定位测量出所有的数据，以减少测量误差，提高测量精度。

2) 测量路径的确定

在逆向设计中，通常需要利用测量获取的坐标数据来重建样件的数字化模型，一般的做法是先在点云数据上拟合样条曲线，再利用样条曲线构建曲面。因此，测量路径的确定具有重要意义，它决定了测量数据的分布规律和走向。

为了保证测量数据的安全性、有效性和合理性，测量路径的规划应遵守以下原则：①测量路径应尽量覆盖实物模型表面，以保证测量设备通过一次测量获取完整的点云数据；②扫描路径应与 CAD 逆向设计软件的曲面构建方法相符合；③应保证实物模型表面的凹陷、凸台、夹具固定位置等能被测量。

3) 测量参数的选择

测量参数主要包括测量精度、测量密度和测量速度。其中，测量精度的选择取决于产品的性能和使用要求，测量密度应根据逆向对象的形状和复杂程度来选定，原则是要使测量数据完全反映被测样件表面的形状，做到疏密适当。

4) 特殊及关键数据的测量

对于形状比较特殊的部位或精度要求较高的零部件，应适当增加数据采集的密度，以提高测量精度，并将这些数据点作为三维模型重构的精度控制点。对于变形或破损部位，应在其周边增加测量点，以便在造型设计中对该破损部位进行复原。

2. 测量方法

不同的测量方法，不仅对测量本身的效率、质量和经济性有决定性的作用，同时还会影响测量数据的类型和后续的数据处理方式，因此测量方法的选择是逆向工程中的一项重要内容。如图 3-6 所示，依据测量探头与样件表面是否接触，测量方法基本上可分为接触式测量和非接触式测量两大类。

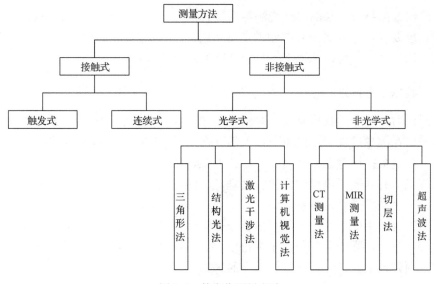

图 3-6　数字化测量方法

1) 接触式测量

接触式测量方法的原理是当传感测量探头同被测量对象接触时可触发一个信号，数据采集系统对当时的标定传感器数值进行记录，以此获得被测对象的三维坐标数据。接触式测量主要有基于力变形原理的触发式和连续式两种测量方式。触发式测量方法利用触发采样头，一次测量只能获取样件表面轮廓的一个点坐标数据，测量速度慢。连续式测量方法采用模拟量开关采样头，可连续地进行数据采集，测量速度比较快，测量精度也较高，可以测量规模较大的数据。

三坐标测量机(coordinate measuring machine，CMM)通过传感测头与样件表面的接触逐点地测量数据，是目前最典型、应用最广泛的接触式测量设备。接触式测量具有技术比较成熟、测量准确性与可靠性高、对被测工件表面质量要求不高等优点。接触式测量必须与被测件接触，因此接触式测量存在测量探头易磨损、被测样件容易被划伤、内腔元件不易测量、测量速度慢及效率低等不足。

2) 非接触式测量

非接触式测量主要是利用光学、声学、磁学等原理，通过适当的算法将一定的物理模拟量转化成样件表面的坐标点。非接触式测量方法的特点是测量时测头与测量对象表面不接触，从而可避免测头与被测件表面的损伤、测头半径补偿等问题，测量速度较快，自动化程度高，适用于各种软硬件材料和各类复杂曲面模型的三维高速测量。但非接触式测量具有费用高、数据量大及数据处理过程复杂等缺点。

光学测量法在测量精度和测量速度上有明显优势，在逆向工程中应用广泛，主要有结构光法、激光干涉法、三角形法和计算机视觉法等。

逆向数据测量方法的选择应满足以下要求：测量精度应满足工程的实际需要；测量速度要快，尽量减少数据测量在整个逆向过程中所占的时间；测量的数据应完整；测量过程不可破坏原形；尽可能降低测量成本。

3.3.2　数据处理技术

逆向对象的表面数据是由三维测量系统获取的，然而任何的三维测量方式和测量系统在测量过程中不能避免误差的存在，因此测量数据会存在数据失真问题。此外，测量数据还存在格式转换、数据补偿、数据量大等问题。因此，在曲面模型重建之前有必要对测量数据进行处理，目的是获得完整、正确、精简的测量数据，为后续的模型重建奠定基础。

数据处理主要包括数据多视拼合、去除噪声点、数据精简、数据插补、曲面分块等几项，通常情况下数据多视拼合、去除噪声点、数据插补是必须进行的，其他几项则可根据实际情况进行适当的选择。

1) 数据多视拼合

数据多视拼合又称数据重定位。逆向设计中的模型重建是对被测量物体全部轮廓的整体建模，测量数据必须是完整的，同时必须在统一的坐标基准下测得。对于具有复杂外形的被测件，通过一个测量基准的一次测量难以实现全部轮廓的数字化，通常情况下需要经过多个基准的多次分块测量，获得多视测量数据，然后对多视测量数据进行基准统一的数据重定位。目前，多数 CAD 软件均具有数据多视拼合的功能。数据重定位可以在测量阶段或者建模阶段进行。

2) 去除噪声点

原始数据的获取是实物逆向工程的关键技术之一。任何测量方法都会受到测量设备本身的精度、测量人员的技术水平、测量中存在的随机误差及被测量样件表面质量的影响，测量获取的原始数据必然包含噪声点，也称瑕玷，它占测量数据的 0.1%~5%。在 CAD 模型重建中，噪声点的存在会影响重建曲面的精度，因此应需要进行降噪处理。

对于数据量大的点云数据，目前广泛应用的去除噪声方法是平滑滤波。如图 3-7 所示，数据平滑滤波有标准高斯(Gaussian)滤波、平均(Averaging)滤波及中值(Median)滤波三种常用的方法。

(1) 高斯滤波。高斯滤波器在指定域内的权重是高斯分布，其特点是平均效果较小，因此在滤波时能够保持良好的数据原貌，其缺点是不能完全去除噪声点。

(2) 平均滤波。平均滤波器采样点的值取滤波窗口内各数据点的统计平均值。假设相邻的 n 个点分别为 X_1, X_2, $\cdots$, X_n，经过平均滤波器后的新点为 X，$X=(X_1+X_2+\cdots+X_n)/n$。

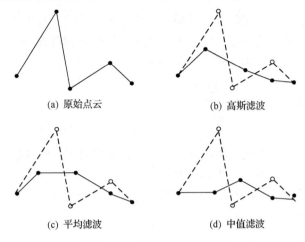

(a) 原始点云　　　　　　　　　(b) 高斯滤波

(c) 平均滤波　　　　　　　　　(d) 中值滤波

图 3-7　三种常用的滤波方法

(3)中值滤波。这是一种非线性处理噪声的方法，其基本原理是把数字图像或数字序列中一点的值用该点的一个邻域中各点值的中值代替。由于中值滤波器采样点的值取滤波窗口内各数据点的统计中值，所以该滤波器消除数据毛刺的效果比较好。

数据平滑处理不仅要达到降噪的目的，还要保证真实点不过多受损。通常情况下，有规则性排列的点云数据，如点云数据网格化阵列数据、部分散乱点云数据，通常采用平滑滤波的方法进行降噪处理。对于无序散乱的点云数据的噪声处理，应首先建立点云数据的三角网格，再对三角网格进行简化处理。

3)数据精简

非接触式扫描获得的点云数据的显著特点是数据量大，其主要问题是如何处理这些数据。如果直接对原始点云数据进行曲面重建，不仅占用大量的计算机资源、消耗大量的时间，最重要的是导致曲面重建过程极其复杂且难以控制，影响重建曲面的质量。因此，需要按一定的要求减少测量点的数据。

数据精简的目的是减少不需要的数据点。数据精简是对原始点云中的点进行删减，尽可能地保留原始点云的外形特点，并不产生新点。数据精简的原则是在曲率变化大的位置保留较多的数据点，曲率变化小的位置保留较少的数据点。

4)数据插补

由于测量系统自身存在一定的测量局限性，以及被测量物体拓扑结构的问题，测量数据不能完全表达实物的轮廓外形。为了便于后续的造型工作，必须对缺失的数据进行数据插补，以便最大限度地还原完整的数据信息。逆向工程中的数据插补方法主要有实物填充法和造型设计法。

实物填充法要求在实物样件表面数字化之前，采用一种具有可塑性和一定刚性的填充物将实物的孔、槽、凹边等区域填充好，同时要保证填充面光顺、平滑地与相邻区域连接。当实物模型的某些区域无法填充时，应采用造型设计法，即在模型重建过程中，根据实物的几何外形特征，利用逆向软件的延伸、插入、连接等曲面编辑功能设计出相应的曲面。

5) 曲面分块

外形复杂的曲面重建对象通常是由多个自由曲面混合组成的，CAD 建模一般要经过曲面分块、单片曲面重建、曲面拼接等步骤才能实现。点云数据应合理分块，以便进行单片曲面拟合、曲面相交、剪切、过渡等处理，同时应少分块，使曲面的拼接尽量简单。

3.3.3　曲面重建技术

曲线曲面的数学模型通常有 B 样条、贝塞尔、NURBS 三种描述方式，其中 NURBS 曲线曲面的造型功能强大，兼容 B 样条、贝塞尔曲线曲面，能够获得统一的数学描述，因此 NURBS 曲线曲面已成为现代工业中自由曲线曲面的唯一标准表达形式。

模型重建是利用测量系统获取的点云数据，通过插值或拟合的方法构建实物对象的几何模型。一般情况下，逆向工程的实物模型并不是由一个简单的曲面构成的，而是由多个曲面经过修剪、过渡等复合而成的复杂曲面构成的。重构复杂的自由曲面，需要对曲面分块重构。

逆向工程中，曲面构建的方案主要有以下三类。

1) 基于四边域的曲面重构

基于四边域的曲面重构也称矩形域的曲面重构，通常情况下可以用贝塞尔曲面、B 样条曲面或 NURBS 曲面为基础构建曲面。以 B 样条曲面为基础构建曲面是比较常用的一种方法，基于该法构造的曲面表达简单且光顺性可以保证，对于由多个自由曲面组合而成的复杂曲面，可以先分块拟合再光滑连接。以 NURBS 曲面为基础构建的曲面能够通过控制顶点及加权因子灵活地改变曲面的形状，但由其构造的曲面计算量大，光顺性难以保证。使用该算法拟合曲面时，点云数据应单向有序，飞机、汽车等对曲面品质要求较高的场合多用该方法。

2) 基于三角域的曲面重构

三角域曲面以三角贝塞尔曲面为理论基础，具有构造灵活、边界适应性好的特点。例如，面具、玩具等表面复杂不规则的物体模型比较适合用该方法构建曲面。该方法研究的重点集中在如何提取特征线、如何进行三角剖分以及如何简化三角网格等方面。三角域曲面拟合的步骤为：首先要三角划分点云数据得到三角网格，然后拟合三角网格得到三角贝塞尔曲面。三角域曲面拟合方法简单，但由于通用 CAD 软件及制造系统多采用 NURBS 曲面描述曲面，所以由三角贝塞尔曲面拟合的曲面必须转化成 NURBS 曲面，这样不利于修改和编辑。

3) 基于多面体的曲面重构

基于多面体的曲面重构是一种比较新的方法，曲面的表达形式是以三角平面片为基础的多面体，适合于散乱点云数据的曲面重构。该方法目前处于理论研究阶段，在实际应用中很少使用，可分以下三个步骤进行：

(1) 估计初始曲面。首先利用函数方法在测量点中插值构造曲面，然后确定一个函数估计构建曲面与测量点之间的距离，最后用一种轮廓线抽取算法来提取曲面。

(2) 优化网格。为了减少三角形的数目及提高曲面的逼近精度，以第一步的初始网格为起点进行网格优化。优化工作可利用能量法来完成，首先定义一个能够表示逼近精度与网格中所含节点数目关系的能量函数，然后对此能量函数进行优化，使函数在满足精度的条件下节点数量最少。

(3) 曲面片分段光滑。为了提高曲面的逼近精度，曲面的尖角特征需要利用一种分段细分的方法来构造，曲面的表达形式是以三角平面片为基础的多面体。

3.3.4 曲面品质分析

重构的曲面需进行品质分析，以判断其是否满足设计要求。重构曲面的品质分析包括曲面精度分析和曲面光顺性分析两方面的内容。

1) 曲面精度分析

在逆向设计过程中，实物样件表面数字化及 CAD 模型重建均会产生误差。曲面模型的精度分析主要是为了解决三方面的问题：①CAD 数据模型与实物样件之间的误差是多少；②重建的模型能否符合设计要求；③CAD 模型与制造零件之间的吻合度。前两个问题是对 CAD 模型的精度进行评价，最后一个问题用于评价制造精度。

评价重构曲面模型的误差或精度，最直接的方法是利用三维测量系统测量最终制造的产品与实物样件的表面数据，通过对比它们之间的总体误差来判断重建曲面的有效性和准确性。然而，这种方法不仅耗时，而且不适用于具有复杂外形的产品。通常情况下，精度评价由两种方法来完成：一种是比较实物模型与 CAD 模型的误差；另一种是比较制造产品与 CAD 模型的误差。这两种方法的相同点是忽略数据测量过程的误差，仅对测量数据模型与 CAD 模型进行比较，受技术等条件的限制，目前逆向设计中模型的评价大多采用这两种方法。

在 CAD 模型重建过程中，大多数情况下需要对点云数据进行分块以重构曲面。为了保证最终的 CAD 模型的精度，在分块重构曲面的过程中，需要对重构曲面的精度进行评价，即分析重建曲面与点云数据之间的误差，若误差小于设计要求，则可判断重构曲面是可以接受的。目前，大多数逆向软件都具有曲面精度分析的功能。

2）曲面光顺性评价

曲面光顺性评价是曲面品质分析中非常重要的一项内容。曲面光顺性评价是利用光顺性评价准则评价曲面质量的手段。光顺是一工程术语，包括光滑和顺眼两个内容。光滑是指空间曲线或曲面具有二阶连续性，而顺眼是人的主观评价。通俗地讲，曲面光顺是指曲面看起来光滑顺眼，具有一定的主观色彩。

具有良好光顺性的 CAD 模型不仅便于 CAE 分析，而且有利于加工制造，因此在 CAD 模型重建过程中需要对重构的曲线及曲面进行光顺性评价和优化。曲线曲面的光顺性有参数连续性和几何连续性两种度量方式，参数连续性对参数曲线的光顺性过分限制，而光顺性实际上是不依赖于参数选取及具体参数化的，因此通常利用几何连续性评价曲线及曲面的光顺性。曲线曲面的连接方式一般有四种情况：①位置连续，即连接处重合，但连接处的切线方向与曲率不一致，有一个尖锐的接缝；②切线连续，指连接处重合且切线方向相同，但曲率不一致，表面有中断的感觉；③曲率连续，指不仅具有位置连续和切线连续的特征，同时连接处的曲率是相同的，曲线光滑流畅是构建光滑曲面的基本要求；④曲率变化率连续，指不仅具有上述三种连续的特点，而且连接处曲率的变化率是一致的，曲线曲面更加光滑。

（1）曲线的光顺性。通常情况下，曲面是通过样条曲线来构建的，样条曲线若不合理、不光顺，便会导致重建的曲面不光顺。曲线的光顺准则为：二阶几何连续；不存在奇点或多余拐点；曲率变化小；应变能小。曲线光顺通常可通过寻找坏点、粗光顺和精光顺三个步骤来实现。首先是对寻找到的坏点的坐标值进行修改，然后进行粗光顺，使曲线整体单凸或单凹，最后进行精光顺处理，以保证曲线各段的曲率均匀变化。

（2）曲面的光顺性。与曲线的光顺性相比，曲面的光顺性涉及的内容较多，其控制难度较大。目前有两种处理曲面光顺的方式。

①将曲面光顺问题转化成网格曲线的光顺问题。通常情况下，曲面的构成曲线不光顺或不合理是引起曲面不光顺的主要原因。因此，为了获取光顺的曲面，应首先保证组成曲面的曲线均光顺。

②根据曲面的光顺准则对曲面进行光顺处理。曲线光顺仅是曲面光顺的前提与基础，而非充分必要条件。曲面的光顺准则是评价曲面光顺与否的基本依据，它是通过检验组成曲面的关键曲线的光顺性及曲面的曲率变化是否均匀而建立

的。曲面的光顺准则主要包括曲面的横向与纵向等参数线光顺、拟合曲面的网格线光顺、曲面的等截面曲线光顺、曲面的高斯曲率变化均匀等内容。

曲面的光顺性通常利用曲率分析法、等高线分析法、光照模型分析法等方法进行评价。

3.4　基于逆向工程的拖拉机造型设计技术平台

3.4.1　技术平台相关理论

技术平台是一系列产品所共享的各种技术的整合,这些技术主要由设计技术、工艺技术、制造技术等组成。构成技术平台的各种技术的选择与开发主要取决于高技术及决策人员。技术平台主要有四种构建模式。

(1)引进模式。企业的技术能力比较弱,可通过引进新技术的方式,在消化吸收关键技术的基础上,合理选择或开发相关技术。

(2)自主开发模式。企业的技术能力比较雄厚,自主研发能力强,技术平台的各种技术主要通过自主开发来实现。

(3)企业高校等联合开发模式。企业有一定的研发能力,但自主开发尚存在风险与难度,可通过企业间或企业高校合作的方式来开发技术平台。

(4)企业兼并技术整合模式。采用该方式构建技术平台的企业,其技术实力、自主研发能力及经济实力均比较雄厚。该类型企业可通过兼并相关企业获取关键技术,将获取的技术与企业原有技术经整合后构建技术平台。

技术平台具有更新升级性。一方面,组成技术平台的各种技术会沿着技术轨道的方向发展、改进,随着技术创新的速度加快,技术平台只有融入更先进的新技术才能获得持续的竞争力;另一方面,技术平台作为产品开发的技术支撑,产品需要不断地更新来提升市场竞争力,客观上要求技术平台具有动态更新升级性。

技术平台对新技术的吸收消化能力取决于技术平台本身的技术能力。如图 3-8 所示,技术平台的更新升级与否取决于技术平台与新技术的高度差。当原技术平台的技术高于新技术时,原技术平台保持不变。当原技术平台的技术低于新技术时,会出现两种情况:一是技术落差较小,原技术平台可通过对新技术的消化吸收来提升技术平台的竞争力;二是技术落差比较大,原技术平台吸收新技术的能力比较弱,不具备市场竞争力,应构建新的技术平台,即技术平台更新。关键技术突变是技术创新进步的必然结果,企业应沿着技术轨道的方向对新技术实时地进行跟踪和监测。

引进新技术与自身技术经验的积累是技术平台提升技术能力的重要途径。如图 3-9 所示,技术平台的技术能力与时间的关系呈现为平台-台阶上升的模式。原技术平台经历技术引进与模仿、消化吸收先进技术和自主创新三个阶段，不断地积累自己的技术能力，当其组成要素的量变累积到一定程度时必然发生质变，从而形成新的技术平台，以提升竞争力。

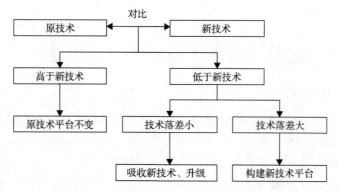

图 3-8　技术落差与技术平台的变化

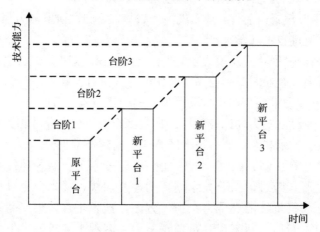

图 3-9　技术平台的技术能力增长

3.4.2　拖拉机造型设计支持系统

如图 3-10 所示，拖拉机造型的总体设计过程主要包括概念设计、初步设计、详细设计、样机工程和生产制造五个阶段。

拖拉机造型设计的特点是任务量大且复杂，其设计过程需要多种技术的支持，其开发支持系统如图 3-11 所示。概念设计阶段需要对调研搜集的信息进行筛选、分析和处理，同时对产品开发的可行性进行分析与评估，各种信息的获取与分析需要数据分析工具、数据信息挖掘工具、数据库系统、知识工程的支持。拖拉机造型开发过程需要数字化测量系统、逆向设计软件、仿真分析软件、工艺规划系统、对数据和文档等信息管理的产品数据管理系统、快速原型机、数控机床等制造系统的支撑。另外，拖拉机造型设计离不开计算机系统、网络技术、统一的产品定义图形交换标准等设计环境的支持。

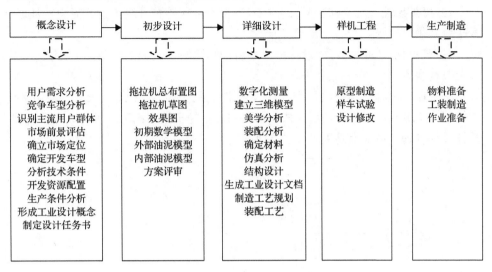

图 3-10　拖拉机造型总体设计过程

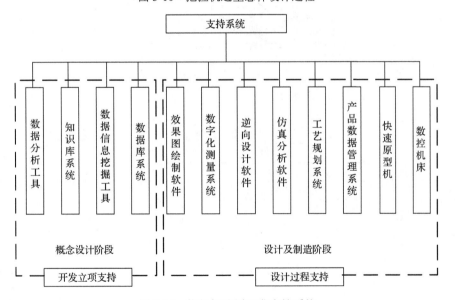

图 3-11　拖拉机造型开发支持系统

3.4.3　拖拉机造型设计技术平台

拖拉机造型设计技术平台应具有以下功能：

(1)标准化。拖拉机造型的设计开发应满足国家相关的法律法规，同时拖拉机造型设计过程涉及大量数据信息的交换、共享和管理，应采用统一标准的接口交换形式。

（2）可扩展性。拖拉机造型设计技术平台本身应具有升级更新的能力，因此技术平台必须具有吸收新技术的可扩展性。

（3）简单化。拖拉机造型设计技术平台应尽量减少集成的复杂程度，以便于实现及节约成本。

基于逆向工程的拖拉机造型设计技术平台的结构框架如图 3-12 所示，由环境支持层、应用层和工作管理层组成，主要完成拖拉机造型的工程设计、数据管理、设计过程管理、产品制造及质量控制等。

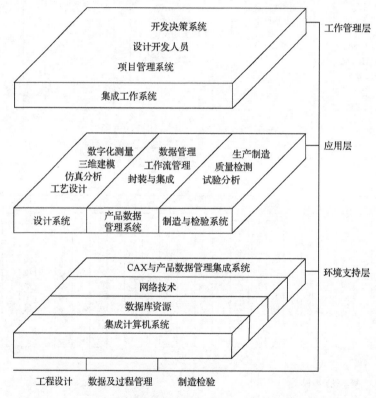

图 3-12　拖拉机造型设计技术平台的结构框架

环境支持层主要是为了给拖拉机造型设计提供一个并行化、集成化及协同化的支撑环境，包括集成计算机系统、数据库资源、网络技术及 CAX 与产品数据管理集成系统。应用层用于实现产品的设计、仿真、制造、检验及产品数据与过程的管理。工作管理层由不同层次的人力资源组成，包括开发决策系统、设计开发人员及项目管理系统，该层是为了实现对产品开发的决策评估、设计开发及设计项目与设计质量的管理。

3.4.4　拖拉机造型逆向设计的软硬件环境

拖拉机造型设计的重点是油泥模型表面数字化测量、CAD 三维模型重建和有限元分析。拖拉机造型在设计过程中受多种因素的影响，因此对于软硬件平台的选取需要考虑和解决多方面的问题，以达到高效、便利及提高设计质量的目的。

1）数字化测量系统

油泥模型表面的数字化测量技术是拖拉机造型设计中的重要环节，是后续 CAD 建模的前提与基础，合理地选取测量方法与测量设备对于缩短测量时间、提高测量精度有重要意义。拖拉机车身外形曲面复杂且覆盖件表面面积大，应采用非接触式测量方法，以减少测量时间。基于结构光法的 COMET 250 测量系统（图 3-13）具有测量原理简单、测量速度快、测量范围大、测量精度高、成本低、易于实现及测量点云密度大等优点，得到了广泛的应用。本书选择 COMET 250 测量系统作为拖拉机油泥模型表面的数字化测量工具。

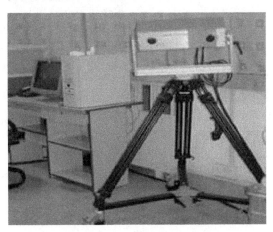

图 3-13　COMET 250 测量系统

德国 Steinbichler Optotechnik 公司开发的 COMET 250 测量系统由数据采集系统与数据处理系统组成。数据采集系统主要包括光学测量头、操纵装置、支架系统和计算机；数据处理系统是用于点云拼接的 COMET plus 软件。

COMET 系统的测量经过四个阶段：测量准备阶段、照相测量阶段、光学扫描阶段和点云拼接阶段。测量准备阶段主要是在实物模型表面上设置参考点，同时在反光能力差的物体表面喷涂反光喷剂。照相测量阶段主要为测量系统确定一个固定的空间坐标系统，并建立样件表面的参考网格。光学扫描阶段是为了快速获取被测样件的表面数据。点云拼接阶段是将由多视角多次测量的点云按照参考网格进行对齐处理。

2) 拖拉机造型建模与有限元分析软件

针对拖拉机覆盖件曲面形状复杂、表面质量要求高及结构强度大等特点，本书选择 CATIA V5 作为拖拉机造型逆向设计的软件系统。

CATIA V5 是 IBM/DS 公司在了解用户需求的基础上，基于 Windows NT 环境开发的 CAD/CAE/CAM 集成化软件，具有数据结构单一、平台开放、混合建模技术先进、修改方便及模块集成等优点，在世界 CAD/CAE/CAM 领域中处于主导地位。CATIA 软件广泛应用于航空航天、汽车制造、机械制造、造船、模具、玩具、医学等行业。宝马、奔驰、克莱斯勒、本田、现代等著名汽车公司均选择 CATIA 作为其核心设计软件。

CATIA V5 为逆向设计提供了数字曲面编辑器、快速曲面重建、自由曲面设计和创成式曲面设计四种专用模块，能够完成点云预处理、曲线拟合、曲面构建、曲线曲面光顺、曲面拼接和模型评价等逆向设计工作。同时，CATIA 接受 STEP、STL、ASC 等多种文件格式，便于同数字化测量系统与快速原型系统的集成。CATIA 有 NURBS、B 样条、贝塞尔三种曲面描述方法。与 UG、Pro/E 等仅采用单一曲面构建方法和算法的软件相比，CATIA V5 支持点到线再到面、点到面、点线结合三种构建曲面的方法，能根据不同曲面的特点方便、快捷地重建曲面。

CATIA V5 是 CAD/CAE/CAM 集成化的应用软件，能提供使用方便、功能强大的工程分析模块。CATIA V5 的有限元分析模块的最大优点是可以自动进行有限元网格的划分，侧重设计的工程技术人员并不需要完全了解有限元分析的内涵，只需在模型上添加约束和载荷，便可进行初步的有限元分析，获取分析检验结果。与专业有限元分析软件相比，CATIA V5 的有限元分析模块具有操作简单、模型格式一致和分析结果可靠等特点。

第4章　常规曲面设计

曲面建模用于具有较大的曲率变化率以及要求对设计模型的外部曲面进行更高层次控制的设计，仅仅使用实体模型特征已不能很好地描述出某些形体。线框和曲面特征的基本作用是通过建立一系列的蒙皮特征，将设计分解为基础性的形体。曲面特征可以用与实体特征相同的方式来创建，也可以由基础曲线的子集来创建。

4.1　创成式曲面设计单元简介

常规曲面设计平台是使用 CATIA 进行三维曲面设计的主要工作平台之一，包含线框与曲面工作台中的所有功能和命令。本工作台所具有的工具，可用于创建和修改设计形体中的曲面。进入创成式曲面设计模块的步骤如下：

(1)单击**开始**菜单，弹出如图 4-1 所示的下拉菜单，将鼠标移至 形状 图标，弹出相应菜单，单击 图标，即进入创成式曲面设计模块界面，如图 4-2 所示。

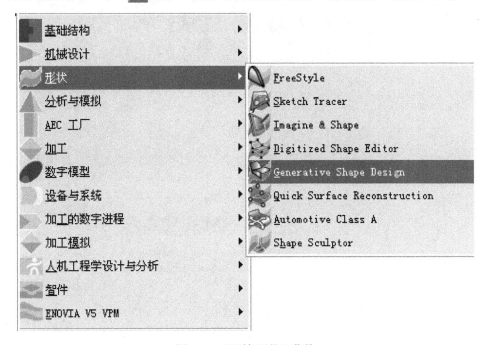

图 4-1　"开始/形状"菜单

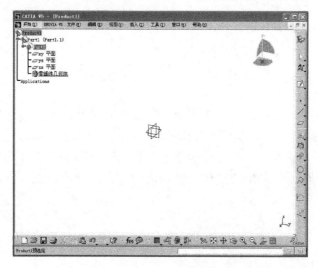

图 4-2 "创成式曲面设计模块界面"菜单

（2）在常规曲面设计中主要用到 5 个工具栏，下面对各个工具栏作简单的介绍。

①线框工具栏（Wireframe）。该工具栏提供了多种点、线、面的创建工具，可用于生成基本的线框结构，如图 4-3 所示。

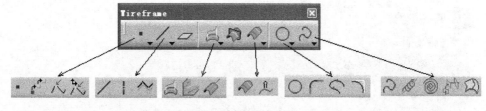

图 4-3 线框工具栏

②曲面工具栏（Surfaces）。该工具栏提供了生成各种曲面的方法，是构建三维曲面的基本工具，如图 4-4 所示。

图 4-4 曲面工具栏

③编辑操作工具栏（Operations）。该工具栏提供了多种对生成曲线和曲面进行编辑的辅助工具，如图 4-5 所示。

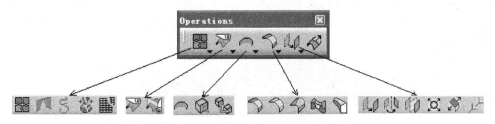

图 4-5　编辑操作工具栏

④投影造型工具栏（Developed Shapes）。该工具栏提供了一种投影生成曲面的工具和一种投影生成曲线的工具，如图 4-6 所示。

⑤高级曲面工具栏（Advanced Surfaces）。该工具栏提供了几种可对创建的曲面进行修改的工具，使曲面可以按照设计意图实现多样化的造型，如图 4-7 所示。

图 4-6　投影造型工具栏　　　　　　　图 4-7　高级曲面工具栏

4.2　创 建 线 框

4.2.1　创建点

CATIA V5 建立点的命令有两个：建立参考点 ■ 和建立等距点 ⌁，建立点的方法有以下 8 种：

（1）按输入的坐标建立点（Coordinates）。

（2）在曲线上建立点（On curve）。

（3）在平面上建立点（On plane）。

（4）在曲面上建立点（On surface）。

（5）建立圆心/球心（Circle/Sphere center）。

（6）建立曲线的切点（Tangent on curve）。

（7）创建中间点（Between）。

（8）创建等距点（Instances）。

1. 按输入的坐标建立点(Coordinates)

按输入的坐标建立点的操作步骤如下：

(1)单击点工具坐标 ·，显示建立点的对话框，在 Point type(建立点的方法)下拉列表框中选择类型为 Coordinates(坐标点)，如图 4-8 所示。

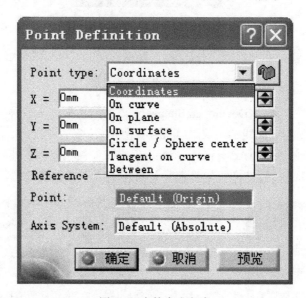

图 4-8　点的生成方式

(2)输入点的 X、Y、Z 坐标值，如图 4-9 所示。

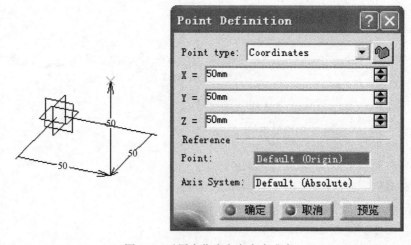

图 4-9　以原点作为参考点生成点

（3）要创建相对坐标点，单击 Reference Point（参考点）选择框，选择一个点作为参考点，如图 4-10 所示。

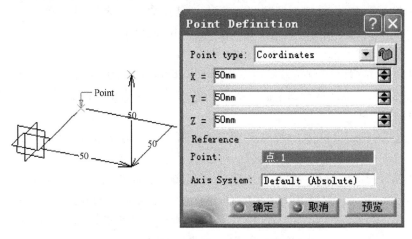

图 4-10 选择一个点作为参考点生成坐标点

2. 在曲线上建立点（On curve）

在曲线上建立点的操作步骤如下：

（1）单击点工具坐标 ·，显示建立点的对话框，在 Point type（建立点的方法）下拉列表框中选择类型为 On curve（在曲线上建立点）。

（2）单击曲线，可以预览要出现的点，绿色表示参考点，红色箭头表示新建点的方向，蓝色方块表示要建立的点，可以随鼠标移动而在曲线上移动，单击鼠标可停留在曲线上，如图 4-11 所示。

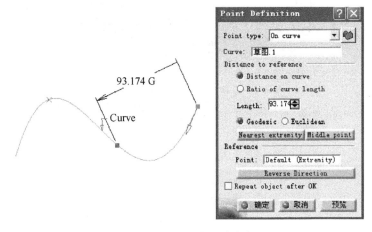

图 4-11 在曲线上建立点

（3）在对话框中定义点的位置，可以用 Distance on curve（参考点到新建点的距离）来度量，也可以按 Ratio of curve length（曲线长度比例）来度量。选择 Geodesic 是按照弧长距离来度量；选择 Euclidean 是按照弦长来度量；单击"Nearest extremity"可在较近的端点建立点，单击"Middle point"按钮可以在曲线的中点建立点。

（4）可以选择一个点作为参考点，单击 Reference Point（参考点）选择框，再选择曲线上的一个点。单击图中的红色箭头或对话框中"Reverse Direction"可以翻转方向。

（5）选择 Repeat object after OK 复选框，可以在参考点与新建点之间再建立多个点。

（6）在 Parameters（参数）列表中选择 Instances，是指点与端点之间建立等分点，如图 4-12（a）所示；选择 Instances&Spacing，是指按复制点数和间距复制点；选择 Create normal planes also 是指在复制点处建立曲线的法平面，如图 4-12（b）所示；选择 Create in a new Body 是指在新实体上建立点和平面。

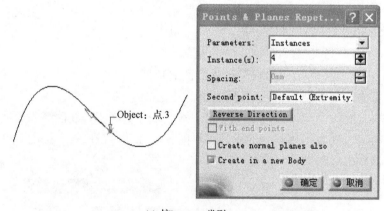

(a) 按Instances类型

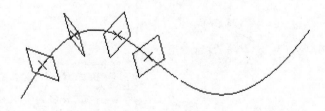

(b) 按Create normal planes also类型

图 4-12　生成等距点

3．在平面上建立点(On plane)

在平面上建立点的操作步骤如下：

(1)单击点工具坐标 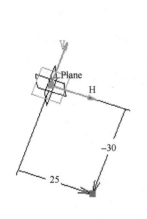，显示建立点的对话框，在 Point type 下拉列表框中选择类型为 On plane(在平面上建立点)。

(2)设置参考平面。选择平面填入 Plane 文本框中，可以是 xy 平面、xz 平面、yz 平面等坐标平面或实体上的平面等。

(3)设置参考点。可以选择任意一点填入 Reference 下的 Point 文本框中作为参考点，默认是原点。

(4)在 H 文本框中设置生成点相对于参考点的水平距离。

(5)在 V 文本框中设置生成点相对于参考点的垂直距离。

(6)设置投影面。可以选择任意一面填入 Projection 下的 Surface 文本框中作为投影面，默认是没有(None)。投影面的作用是将生成的点投影到指定面上，投影面可以是平面或曲面，如图 4-13 所示。

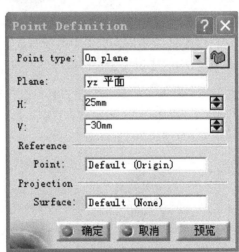

图 4-13　在平面上建立点

4．在曲面上建立点(On surface)

在曲面上建立点的操作步骤如下：

(1)在 Point Definition 对话框中，在 Point type 下拉列表框中选择类型为 On surface。

(2)设置参考曲面，并选择参考曲面填入 Surface 文本框中。

(3)设置参考方向，表示将按照此方向生成点。

（4）设置生成点到参考点的距离。

（5）设置参考点。可以选择曲面上任意一点填入 Reference 下的 Point 文本框中作为参考点；默认的是曲面的中心，如图 4-14 所示。

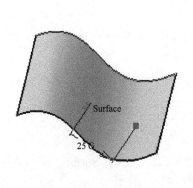
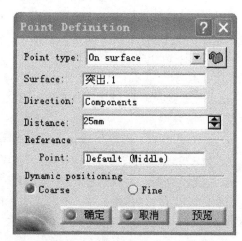

图 4-14　在曲面上建立点

5. 建立圆心/球心（Circle/Sphere center）

这个功能可以建立一个圆或球面的中心点，建立圆心/球心的操作步骤如下：

（1）单击点工具图标 ▪，显示建立点的对话框，在 Point type（建立点方法）列表中选择建立 Circle/Sphere center（圆心/球心），如图 4-15 中右边对话框所示。

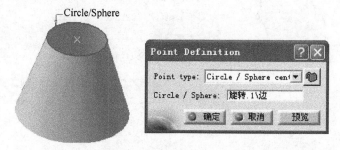

图 4-15　建立圆心/球心

（2）选择要建立圆心点的圆（或球面），如图 4-15 中左边图形所示。

6. 建立曲线的切点（Tangent on curve）

这个建立点的方法是在曲线上建立一条方向线的切点，操作步骤如下：

（1）单击点工具图标 ▪，显示建立点的对话框，在 Point type（建立点方法）列表中选择建立 Tangent on curve（曲线切点），如图 4-16 所示。

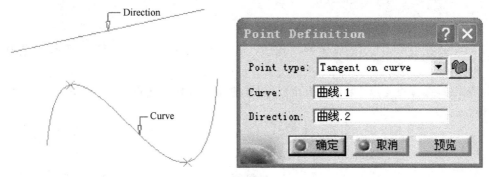

图 4-16　建立曲线的切点

（2）在 Curve（曲线）选择框选择要建立切点的曲线，在 Direction（方向）选择框内选择一个方向。

（3）单击"确定"按钮，即建立切点。如果在选择的方向上有多个切点，那么会显示多解处理对话框，如图 4-17 所示。

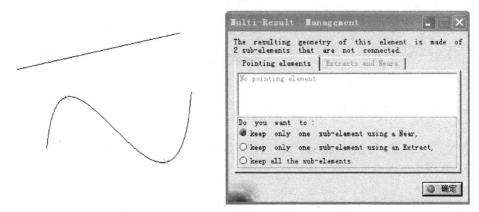

图 4-17　多解处理对话框

在多解处理对话框中可以选择以下选项：

①选择 keep only one sub-element using a Near（保留一个选择对象的最近点），单击"确定"按钮，会显示最近点定义对话框，选择一个参考元素，将保留离参考元素较近的一个点。

②选择 keep only one sub-element using an Extract（用提取元素保留一个点），单击"确定"按钮，会显示提取元素对话框，选择要保留的点，再单击"确定"按钮完成提取。

③选择 keep all the sub-elements（保留全部子元素点），单击"确定"按钮，全部子元素点被保留。

7. 创建中间点(Between)

创建中间点的操作步骤如下：

(1)在 Point Definition 对话框中，在 Point type 下拉列表框中选择类型为 Between。

(2)选择点【点.1】填入 Point 1 文本框中，选择点【点.2】填入 Point 2 文本框中。

①设置比例。在 Ratio 文本框中，输入 0.6，表示生成的点到点 Point 1 的距离与点 Point 1 至点 Point 2 的距离之比为 0.6，如图 4-18 所示。

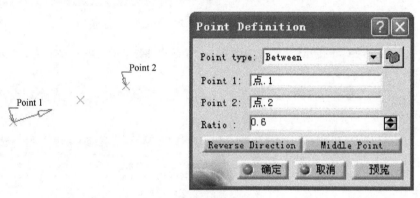

图 4-18　创建中间点

②如果 Ratio>1，那么生成的点位于 Point 2 外；如果 Ratio<0，那么生成的点位于 Point 1 外。

③单击"Reverse Direction"按钮，可以改变起始点；单击"Middle Point"按钮，直接生成两点的中点。

8. 创建等距点(Instances)

创建等距点的操作步骤如下：

(1)在 Wireframe 工具栏中单击 Instances(等距点)按钮，弹出 Points & Planes Repetition 对话框，如图 4-19 所示。

(2)选择一条曲线或曲线上的一点。如果选择曲线，那么将以两曲线端点为边界生成等距点。如果选择曲线上的一点，那么将以此点和曲线的其中一端点为边界，生成等距点。

(3)在 Instance(s)文本框中输入需要重复的点数，将在生成点和曲线端点(注意是红色箭头所指一侧的曲线端点)之间生成等距点。

(4)如果在 Points & Planes Repetition 对话框中，将 Parameters 选项设为 Instance & Spacing，在 Spacing 文本框中设置点的间距为 10mm，那么等距点的起

始位置就是在 Point Definition 对话框生成的点。

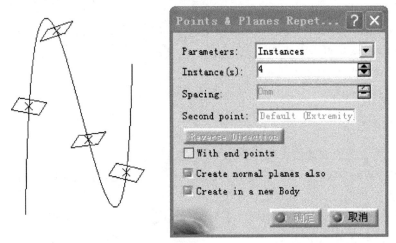

图 4-19　Points & Planes Repetition 对话框

如果在 Points & Planes Repetition 对话框中选中 Create normal planes also 复选框，那么在生成点的同时也生成此曲线在各点处的法平面。选中 Create in a new Body 复选框，建立的几何点将放在特征树上一个新的几何元素集中。单击"确定"按钮，即完成等距点的创建。

4.2.2　创建空间直线

在 CATIA V5 中创建空间直线有 6 种方法，如图 4-20 所示。

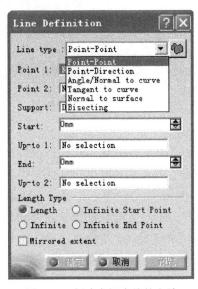

图 4-20　创建空间直线的方法

（1）Point-Point（两点直线）。

（2）Point-Direction（起点和方向）。

（3）Angle/Normal to curve（与曲线成一定夹角（垂直）的直线）。

（4）Tangent to curve（曲线切线）。

（5）Normal to surface（曲面法线）。

（6）Bisecting（角平分线）。

1．创建两点直线

创建两点直线的操作步骤如下：

（1）在 Wireframe 工具栏中单击"Line"（直线）按钮，弹出 Line Definition 对话框。

（2）设置直线的两端点。选择点【点.2】和点【点.1】分别填入 Point 1 和 Point 2 文本框中，如图 4-21 所示。

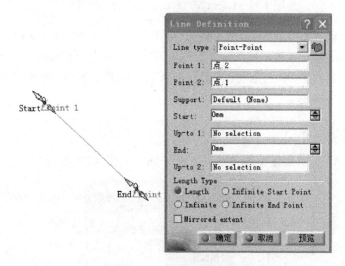

图 4-21　创建两点直线

（3）设置支持面。Length Type 下的按钮设置如下：选中 Length 单选按钮，可以在 Start 文本框和 End 文本框中设置从两端点向外延伸的距离；选中 Infinite Start Point 单选按钮，可以在 End 文本框设置从终点向外延伸的距离，起点一端则向外无限延伸；选中 Infinite 单选按钮，直线将向两端无限延伸；选中 Infinite End Point 单选按钮，可以在 Start 文本框设置从起点向外延伸的距离，终点一端则向外无限延伸；选中 Mirrored extent 复选框，可以在 End 文本框设置从起点向外延伸的距离，终点一端则向外延伸相同的距离。

2. 起点和方向确定直线

创建起点和方向确定直线的操作步骤如下：

（1）打开 Line Definition 对话框，在 Line type 下拉列表框中选择类型为 Point-Direction。

（2）设置直线的起点。选择平台上的直线【草图.1】的顶点填入 Point 文本框中，作为直线的起点。

（3）设置直线的方向。选择平面【xy 平面】填入 Direction 文本框中，其法向作为直线的方向。

（4）设置支持面设置默认。

（5）可以在设置 Start 文本框和 End 文本框中，设置从直线两端点向外延伸的距离，如图 4-22 所示。Length Type 下方的 4 个单选按钮与创建两点直线中的作用相同。

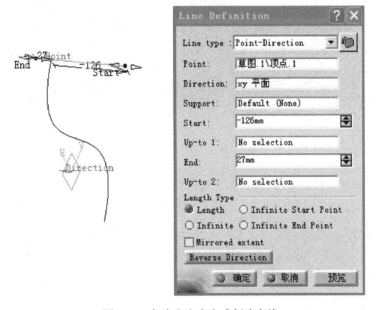

图 4-22　起点和方向方式创建直线

3. 创建与曲线成一定夹角（垂直）的直线

创建与曲线成一定夹角（垂直）的直线的操作步骤如下：

（1）打开 Line Definition 对话框，在 Line type 下拉列表框内选择 Angle/Normal to curve 选项。

（2）设置参考曲线。选择平台上的曲线填入 Curve 文本框中。

（3）设置生成直线的支持面。选择曲面【突出.1】作为支持面，默认是曲线所在的平面。

（4）设置直线起点。选择点【点.1】填入 Point 文本框中，作为直线起点。

（5）设置直线与曲线之间的角度为 38°。

（6）设置从直线起点向外延伸的距离。在 Start 文本框中输入–100mm。

（7）设置从终点到起点的距离。在 End 文本框中输入 100mm。

（8）Length Type 下的 4 个单选按钮与创建两点直线中的按钮作用相同。

单击"确定"按钮，创建直线如图 4-23 所示。

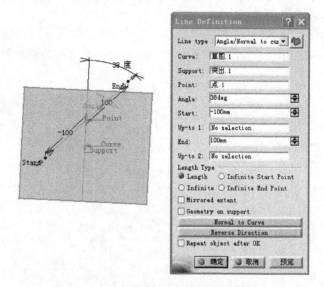

图 4-23　与曲线成一定夹角的直线的创建

Length Type 下的按钮设置为：选中 Geometry on support 复选框，生成的直线在支持面上；单击"Normal to Curve"按钮，生成与此曲线在此点切线方向垂直的直线；单击"Reverse Direction"按钮，将上一步生成的直线反向。

4. 创建曲线切线

创建曲线切线的操作步骤如下：

（1）打开 Line Definition 对话框，在 Line type 下拉列表框中选择 Tangent to curve 选项。

（2）设置参考曲线。选择曲线【草图.1】填入 Curve 文本框中，作为参考曲线。

（3）设置支持面为默认状态。

（4）设置相切类型。在 Tangency options 下的 Type 下拉列表框中选择 Mono-Tangent 选项。

（5）设置生成直线的起点。将以该点（如果点不在曲线上，将以该点投影到此曲线上的点）所在的曲线切线为生成的直线方向，选择平台上的曲线的一个端点，填入 Element 2 对话框中。

（6）设置从直线两端点向外延伸的距离。在 Start 文本框中输入–100mm，在 End 文本框中输入 10mm，单击"确定"按钮，创建直线如图 4-24 所示。

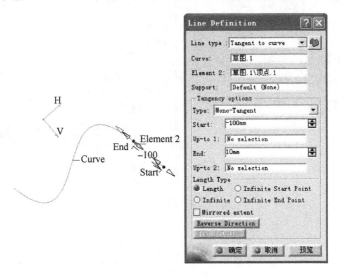

图 4-24　曲线切线的创建

如果在 Tangency options 下的 Type 下拉列表框中选择类型为 BiTangent，选择曲线 Sketch.2 在 Element 2 中作为第二条参考曲线，生成的将是两曲线的公切线。如果选择的是点，那么就会生成从此点到曲线的切线。

5. 创建曲面法线

创建曲面法线的操作步骤如下：

（1）打开 Line Definition 对话框，在 Line type 下拉列表框中选择 Normal to surface 选项。

（2）设置参考曲面。选择平台上的曲面【突出.1】填入 Surface 文本框中。

（3）设置曲面法线的起始点。选择曲线上的点【点.1】填入 Point 对话框中。

（4）设置生成法线从两端点向外延伸的距离。在 Start 文本框中输入 173mm；在 End 文本框中输入 27mm，如图 4-25 所示。

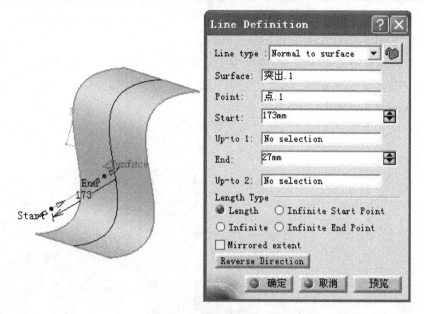

图 4-25　曲面法线的创建

6. 创建角平分线

创建角平分线的操作步骤如下：

（1）打开 Line Definition 对话框，在 Line type 下拉列表框中选择 Bisecting 选项。

（2）选择直线【曲线.2】填入 Line 1 对话框中，作为第一条直线。选择直线【曲线.1】填入 Line 2 对话框中，作为第二条直线。

（3）设置角平分线的起始点。选择需要的点填入 Point 文本框中，该点默认是两直线的交点，如果没有相交，则是两直线延长线的交点。

（4）设置支持面。选择 xy 平面作为支持面填入 Support 对话框中。

（5）设置角平分线从两端点相交处向外延伸的距离。在 Start 文本框中输入239mm；在 End 文本框中输入–507mm。

（6）单击"Next Solution"按钮，选择需要的结果，如图 4-26 所示。

4.2.3　创建空间圆弧曲线

在 CATIA V5 中，提供了很方便的命令工具来创建各种曲线，包括圆/圆弧、样条线、螺旋曲线、圆锥曲线、曲线圆角、曲线桥接、平行曲线、空间偏移曲线、投影曲线、混合曲线、反射线等各种常见曲线的创建。

建立圆或圆弧的方法共有 9 种，如图 4-27 所示。

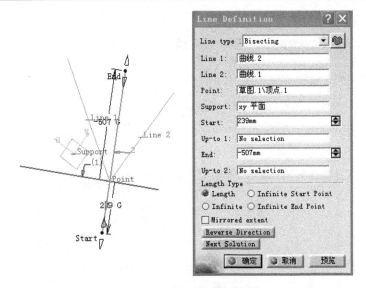

图 4-26　角平分线的创建

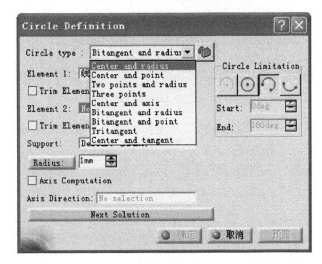

图 4-27　建立圆弧的方法

（1）Center and radius（圆心和半径确定圆）。

（2）Center and point（圆心和圆弧上一点确定圆）。

（3）Two points and radius（圆弧上两点和半径确定圆）。

（4）Three points（圆弧上三点确定圆）。

（5）Center and axis（圆心和圆轴线）。

（6）Bitangent and radius（两条切线和半径）。

（7）Bitangent and point（两条切线和圆心所在一点）。

(8) Tritangent（三条切线）。

(9) Center and tangent（圆心和一条切线）。

1. Center and radius（圆心和半径确定圆）

通过圆心和半径创建圆的操作步骤如下：

（1）在 Wireframe 工具栏中，单击"Circle"（圆弧）按钮 ○，弹出如图 4-28 所示的 Circle Definition 对话框。

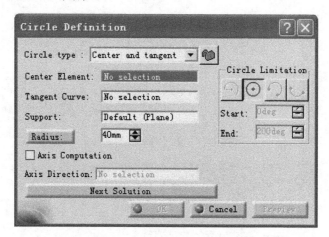

图 4-28　Circle Definition 对话框

（2）在 Circle type 下拉列表中，选择圆弧类型为 Center and radius。

（3）设置圆心。选择点【点.1】填入 Center 文本框中。

（4）设置支持面。选择曲面【曲面.1】填入 Support 文本框中。

（5）设置半径。在 Radius 文本框中输入 30mm，单击"确定"按钮，如图 4-29 所示。

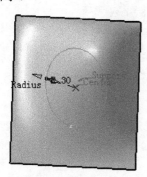
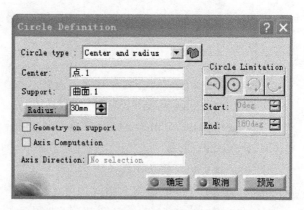

图 4-29　创建圆

(6)单击 ⟳ 按钮，在 Start 文本框输入 0deg，在 End 文本框中输入 180deg，如图 4-30 所示。

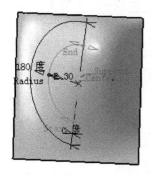
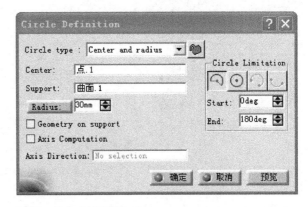

图 4-30　创建圆弧

(7)选中 Geometry on support 复选框，将生成的圆弧投影到支持面上，如图 4-31 所示。

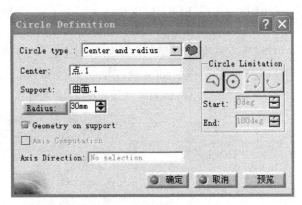

图 4-31　创建投影到支持面上的圆弧

2. Center and point（圆心和圆弧上一点确定圆）

通过圆心和圆弧上一点创建圆的操作步骤如下：

(1)在 Circle type 下拉列表中，选择圆弧类型为 Center and point。

(2)设置圆心。选择点【点.1】填入 Center 文本框中。

(3)设置圆弧上一点。选择点【点.2】填入 Point 文本框中。

(4)设置支持面。选择曲面【曲面.2】填入 Support 文本框中，作为支持面，如图 4-32 所示。

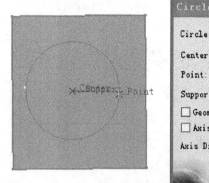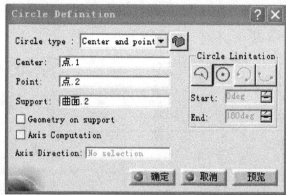

图 4-32　通过圆心和圆弧上一点创建圆

3. Two points and radius（圆弧上两点和半径确定圆）

通过圆弧上两点和半径来创建圆的操作步骤如下：

(1)在 Circle type 下拉列表中，选择圆弧类型为 Two points and radius。

(2)选择点【点.1】填入 Point 1 文本框中；选择点【点.2】填入 Point 2 文本框中。

(3)设置支持面。选择平台上的平面【曲面.2】填入 Support 文本框中。

(4)设置半径。在 Radius 文本框中输入 50mm，有可能出现多解。

(5)单击"Next Solution"按钮，圆的位置可以切换，如图 4-33 所示。

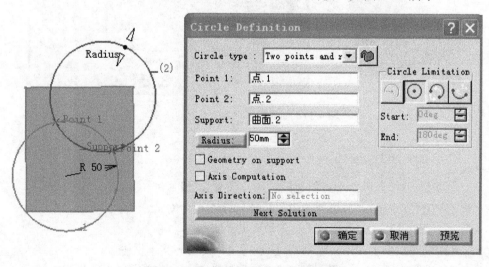

图 4-33　通过圆弧上两点和半径创建圆

(6)单击 ⟲ 按钮，如图 4-34 所示。

(7)单击🌙按钮，求出另外一半圆弧，如图 4-35 所示。

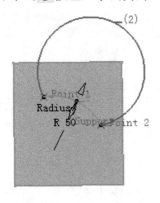

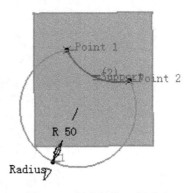

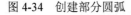

图 4-34　创建部分圆弧　　　　　　图 4-35　创建另外一半圆弧

4. Three points（圆弧上三点确定圆）

通过圆弧上三点创建圆的操作步骤如下：

(1)在 Circle type 下拉列表中，选择圆弧类型为 Three points。

(2)设置圆弧经过的三个点。选择点【点.2】填入 Point 1 文本框中；选择点【点.3】填入 Point 2 文本框中；选择点【点.1】填入 Point 3 文本框中，如图 4-36 所示。

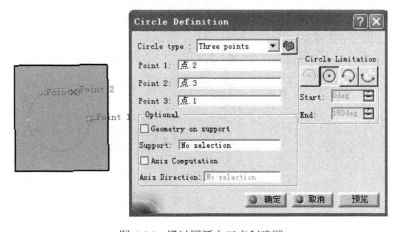

图 4-36　通过圆弧上三点创建圆

5. Center and axis（圆心和圆轴线）

通过圆心和圆轴线创建圆的操作步骤如下：

(1)在 Circle type 下拉列表中，选择圆弧类型为 Center and axis。

(2)选择线【线.2】填入 Axis/line 文本框中；选择点【点.2】填入 Point 文本

框中，在 Radius 文本框中输入 20mm，如图 4-37 所示。

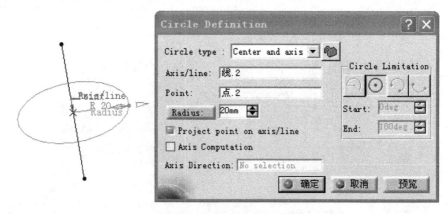

图 4-37　圆心和圆轴线方式创建圆

6. Bitangent and radius（两条切线和半径）

通过两条切线和半径创建圆的操作步骤如下：

（1）在 Circle type 下拉列表中，选择圆弧类型为 Bitangent and radius。

（2）选择曲线【曲线.2】填入 Element 1 文本框中；选择曲线【曲线.1】填入 Element 2 文本框中。

（3）设置支持面。默认是两曲线所在平面。

（4）设置半径。在 Radius 文本框中输入 50mm。

（5）单击"Next Solution"按钮，圆的位置可以切换，如图 4-38 所示。

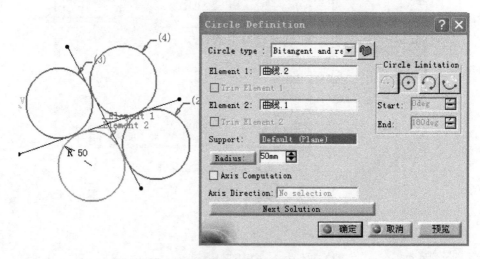

图 4-38　通过两条切线和半径创建圆

7. Bitangent and point（两条切线和圆心所在一点）

通过两条切线和圆心所在一点创建圆的操作步骤如下：

（1）在 Circle type 下拉列表中，选择圆弧类型为 Bitangent and point。

（2）选择曲线【曲线.3】填入 Element 1 文本框中。

（3）选择曲线【曲线.4】填入 Curve 2 文本框中。

（4）选择点【点.3】填入 Point 文本框中，表示生成的圆弧的圆心将通过此点。

（5）设置支持面。默认是两曲线所在平面，如图 4-39 所示。

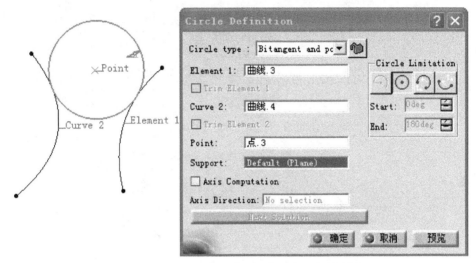

图 4-39　通过两条切线和圆心所在一点创建圆

8. Tritangent（三条切线）

通过三条切线创建圆的操作步骤如下：

（1）在 Circle type 下拉列表中，选择圆弧类型为 Tritangent。

（2）设置三条与圆相切的曲线，选择曲线【曲线.6】填入 Element 1 文本框中；选择曲线【曲线.4】填入 Element 2 文本框中；选择曲线【曲线.5】填入 Element 3 文本框中。

（3）默认是三曲线所在平面为支持面，结果如图 4-40 所示。

9. Center and tangent（圆心和一条切线）

通过圆心和一条切线创建圆的操作步骤如下：

（1）在 Circle type 下拉列表中，选择圆弧类型为 Center and tangent。

（2）选择点【点.3】填入 Center Element 文本框中，表示生成圆的圆心。选择曲线【曲线.4】填入 Tangent Curve 文本框中。默认曲线【曲线.4】所在平面为支持面，结果如图 4-41 所示。

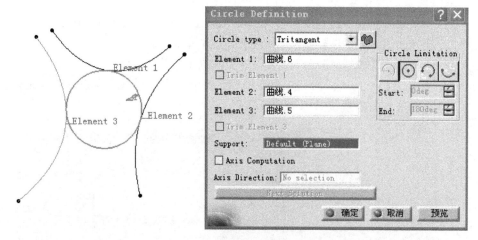

图 4-40　三曲线相切圆的创建

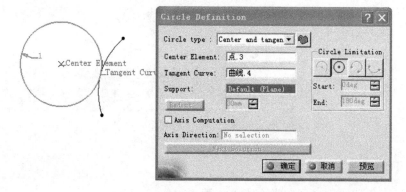

图 4-41　通过圆心和一条切线创建圆

4.2.4　创建空间样条曲线

在 CATIA V5 中，通过样条线按钮，把一些已知点加在已知点所处的切线方向上，然后连接得到的曲线就是样条线。

创建样条线的操作步骤如下：

（1）在 Wireframe 工具栏中，单击"Spline"（样条线）按钮，弹出 Spline Definition 对话框。

（2）依次选择点【点.3】、【点.4】、【点.5】、【点.6】填入对话框中。在列表框中，选择点【点.3】，再选择曲面【突出.1】的边线作为【点.3】处的切线方向。选中

Geometry on support 复选框，选择曲面【突出.1】填入 Geometry on support 文本框中，可以将上一步生成的曲线投影到该曲面上，如图 4-42 所示。

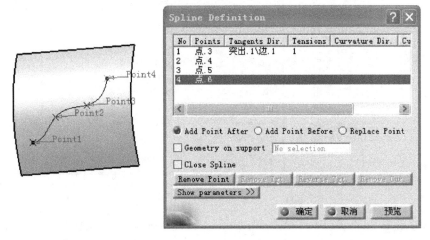

图 4-42　创建样条线

4.2.5　创建螺旋线

1. 创建空间螺旋线

在 Wireframe 工具栏中，单击"Helix"（螺旋线）按钮，弹出 Helix Curve Definition 对话框。

（1）设置螺旋线起始点。选择点【点.3】填入 Starting Point 文本框中，作为螺旋线的起始点。

（2）设置螺旋线轴线。选择直线【草图.1】填入 Axis 文本框中。

（3）设置螺距。在 Pitch 文本框中输入 30mm。

（4）设置螺旋线高度。在 Height 文本框中输入 500mm。

（5）设置螺旋线旋转方向。在 Orientation 下拉列表框中，有 Counterclockwise（逆时针方向）和 Clockwise（顺时针方向）选项。这里选择 Counterclockwise（逆时针方向）选项。

（6）设置起始角度。在 Starting Angle 文本框中输入 45deg，表示起始点与螺旋线中心的连线与螺旋线实际起始点与螺旋线中心的连线之间的夹角为 45deg。

（7）设置拔模角度。选中单选按钮，在 Taper Angle 文本框中输入 8deg。

（8）设置拔模方向。在 Way 下拉列表中，选择 Inward（向内）选项，结果如图 4-43 所示。

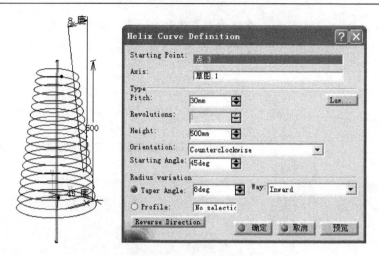

图 4-43　螺旋线的创建

（9）单击 Pitch 文本框右侧的"Law…"按钮，弹出 Law Definition 对话框。

（10）在 Law type 选项区域下，选中 Constant 单选按钮，表示螺距是不变常数；选中 Stype 单选按钮，在 Start value 文本框中输入 30mm，在 End value 文本框中输入 1mm，表示螺距将从 1mm 到 30mm 按二次曲线变化，如图 4-44所示。

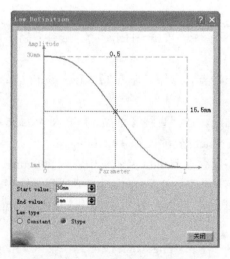

图 4-44　Law Definition 对话框

（11）在 Revolutions（旋转圈数）文本框中输入 20，表示生成的螺旋线的旋转圈数为 20 圈，结果如图 4-45 所示。

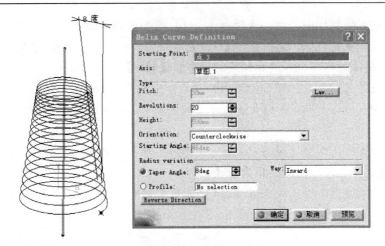

图 4-45 变螺距螺旋线的创建

（12）选择曲线【草图.2】的一个顶点填入 Starting Point 文本框中，作为螺旋线的起始点。

（13）选中 Profile 单选按钮，并选择曲线【草图.2】填入 Profile 文本框中，结果如图 4-46 所示。

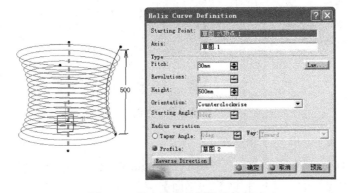

图 4-46 指定轮廓的螺旋线的创建

2. 创建平面螺旋线

另一种螺旋线是平面螺旋线，在卷簧等零件设计中会使用到。下面介绍创建平面螺旋线的几种类型和方法。

1）Angle & Radius（角度和半径）

（1）在 Wireframe 工具栏中，单击平面螺旋线按钮 ⊚，弹出 Spiral Curve Definition 对话框。

（2）设置支持面。选择平面【xy 平面】填入 Support 文本框中。

（3）设置螺旋线中心点。选择点【点.1】填入 Center point 文本框中。

（4）设置参考方向。选择直线【线.1】填入 Reference direction 文本框中，表示生成的螺旋线起点半径和终止角度将以直线【线.1】为参考。

（5）设置起始半径。在 Start radius 文本框中输入 30mm。

（6）设置旋转方向。在 Orientation 下拉列表中，选择 Counterclockwise（逆时针方向）选项。

（7）设置终止角度。在 End angle 文本框中输入 30deg，表示螺旋线终点与中心点的连线和参考方向的夹角为 30deg。

（8）设置终点半径。在 End radius 文本框中输入 300mm。

（9）设置旋转圈数。在 Revolutions 文本框中输入 5，结果如图 4-47 所示。

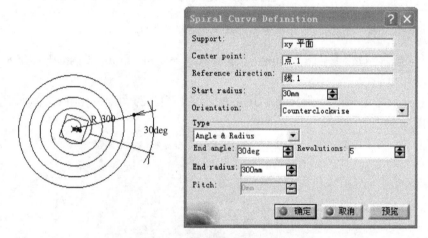

图 4-47　通过角度和半径来创建平面螺旋线

2）Angle & Pitch（角度和螺距）

（1）在 Type 下拉列表中，选择类型为 Angle & Pitch（角度和螺距）。

（2）设置支持面。选择平面【xy 平面】填入 Support 文本框中。

（3）设置螺旋线中心点。选择点【点.1】填入 Center point 文本框中。

（4）设置参考方向。选择直线【线.1】填入 Reference direction 文本框中。

（5）设置起始半径。在 Start radius 文本框中输入 30mm。

（6）设置旋转方向。在 Orientation 下拉列表中，选择 Counterclockwise（逆时针方向）选项。

（7）设置终止角度。在 End angle 文本框中输入 30deg。

（8）设置螺距。在 Pitch 文本框中输入 10mm。

（9）设置旋转圈数。在 Revolutions 文本框中输入 5，如图 4-48 所示。

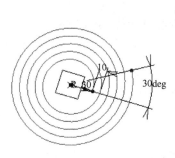
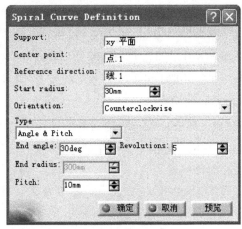

图 4-48　通过角度和螺距来创建平面螺旋线

3) Radius & Pitch(半径和螺距)

(1) 在 Type 下拉列表中，选择类型为 Radius & Pitch(半径和螺距)。

(2) 设置支持面。选择平面【xy 平面】填入 Support 文本框中。

(3) 设置螺旋线中心点。选择点【点.1】填入 Center point 文本框中。

(4) 设置参考方向。选择直线【线.1】填入 Reference direction 文本框中。

(5) 设置起始半径。在 Start radius 文本框中输入 10mm。

(6) 设置旋转方向。在 Orientation 下拉列表中，选择 Counter clockwise(逆时针方向)选项。

(7) 设置终点半径。在 End radius 文本框中输入 100mm。

(8) 设置螺距。在 Pitch 文本框中输入 20mm，结果如图 4-49 所示。

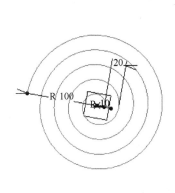

图 4-49　通过半径和螺距来创建平面螺旋线

3. 创建圆锥曲线

在 CATIA 中，通过圆锥曲线功能，可以创建圆锥曲线。根据 Parameter（参数）的不同，创建圆锥曲线可以是抛物线或者是椭圆或者是双曲线，下面分别介绍 6 种创建圆锥曲线的方法。

1）起点、终点，起点和终点处的切线以及圆锥曲线形状参数

（1）在 Wireframe 工具栏中，单击"Conic"（圆锥曲线）⌐按钮，弹出 Conic Definition 对话框。

（2）设置圆锥曲线支持面。选择平面【xy 平面】填入 Support 文本框中。

（3）设置圆锥曲线的起点和终点。选择点【点.8】填入 Points 选项区域下的 Start 文本框中；选择点【点.9】填入 Points 选项区域下的 End 文本框中。

（4）设置圆锥曲线起点和终点的相切曲线。选择直线【线.6】填入 Tangents 选项区域下的 Start 文本框中；选择直线【线.5】填入 Tangents 选项区域下的 End 文本框中。

（5）选中 Parameter 复选框，设置曲线的形状参数。在 Parameter 文本框中输入 0.6，生成抛物线，如图 4-50 所示。

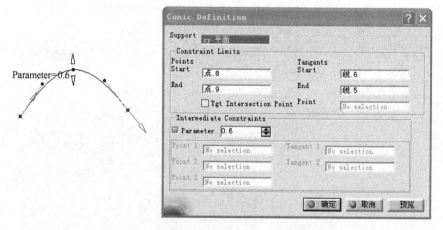

图 4-50　通过两点和形状参数来创建圆锥曲线

2）起点、终点，起点和终点处切线的交点

（1）设置圆锥曲线支持面。选择平面【xy 平面】填入 Support 文本框中。

（2）设置圆锥曲线的起点和终点。选择点【点.8】填入 Points 选项区域下的 Start 文本框中；选择点【点.9】填入 Points 选项区域下的 End 文本框中。

（3）选中 Tgt Intersection Point 复选框，设置起点和终点处切线的交点。选择点【点.3】填入其后的 Point 文本框中，如图 4-51 所示。

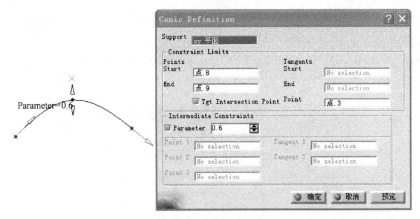

图 4-51 通过起点、终点，以及起点和终点处切线的交点来创建圆锥曲线

3)起点、终点，起点和终点处的切线以及圆锥曲线上的一点

（1）设置圆锥曲线支持面。选择平面【xy 平面】填入 Support 文本框中。

（2）设置圆锥曲线的起点和终点。选择点【点.2】填入 Points 选项区域下的 Start 文本框中；选择点【点.1】填入 Points 选项区域下的 End 文本框中。

（3）设置圆锥曲线起点和终点的相切曲线。选择直线【线.4】填入 Tangents 选项区域下的 Start 文本框中；选择直线【线.1】填入 Tangents 选项区域下的 End 文本框中。

（4）设置圆锥曲线上另外一点。不选中 Parameter 复选框，选择点【点.3】填入 Point 1 文本框中，结果如图 4-52 所示。

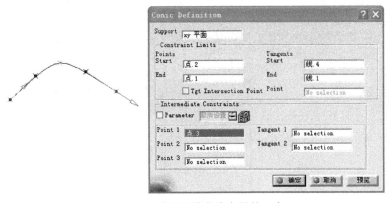

图 4-52 设置圆锥曲线上另外一点

4)起点、终点，起点和终点切线处的交点以及圆锥曲线上的一点

（1）设置圆锥曲线支持面。选择平面【xy 平面】填入 Support 文本框中。

（2）设置圆锥曲线的起点和终点。选择点【点.8】填入 Points 选项区域下的 Start 文本框中；选择点【点.9】填入 Points 选项区域下的 End 文本框中。

（3）选中 Parameter 复选框，设置起点和终点切线的交点。选择点【点.3】填入其后的 Point 文本框中。

（4）设置圆锥曲线上另外一点。选择点【点.10】填入 Point 1 文本框中，结果如图 4-53 所示。

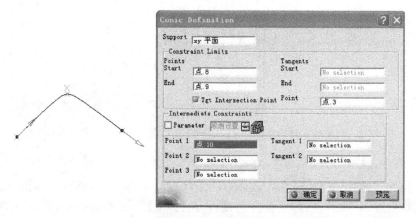

图 4-53　通过圆锥曲线上的一点来创建圆锥曲线

5）四点及其中一点的切线

（1）设置圆锥曲线支持面。选择平面【xy 平面】填入 Support 文本框中。

（2）设置圆锥曲线的起点和终点。选择点【点.8】填入 Points 选项区域下的 Start 文本框中；选择点【点.9】填入 Points 选项区域下的 End 文本框中。

（3）设置圆锥曲线的另外两点。选择点【点.1】填入 Point 1 文本框中；选择点【点.2】填入 Point 2 文本框中。

（4）设置其中一点的切线。选择直线【线.1】填入 Tangent 1 文本框中，结果如图 4-54 所示。

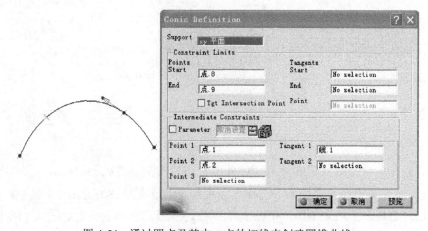

图 4-54　通过四点及其中一点的切线来创建圆锥曲线

6)圆锥曲线上的五点

(1)设置圆锥曲线支持面。选择平面【xy 平面】填入 Support 文本框中。

(2)设置圆锥曲线的起点和终点。选择点【点.8】填入 Points 选项区域下的 Start 文本框中；选择点【点.9】填入 Points 选项区域下的 End 文本框中。

(3)设置圆锥曲线的另外三个点。选择点【点.2】填入 Point 1 文本框中；选择点【点.3】填入 Point 2 文本框中；选择点【点.1】填入 Point 3 文本框中，结果如图 4-55 所示。

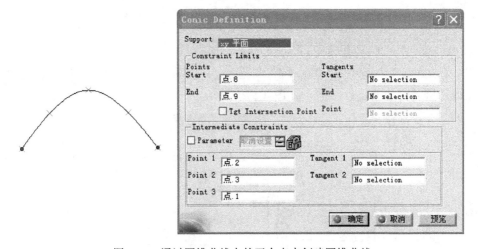

图 4-55 通过圆锥曲线上的五个点来创建圆锥曲线

4. 创建曲线圆角

在 CATIA 中，可通过曲线圆角功能在空间曲线、折线等元素上创建圆角。圆角主要有两种类型：一种是 Corner On Support(支持面上创建圆角)；另一种是 3D Corner(空间曲线圆角)。创建曲线圆角的操作步骤如下。

1)Corner On Support(支持面上创建圆角)

(1)在 Wireframe 工具栏中，单击"Corner"(曲线圆角) 按钮，弹出 Corner Definition 对话框。

(2)在 Corner Type 下拉列表框中选择类型 Corner On Support。

(3)选择曲线【草图.1】填入 Element 1 文本框中；选择曲线【草图.2】填入 Element 2 文本框中。设置支持面，选择曲线【草图.1】与曲线【草图.2】所在的曲面【曲面.1】填入 Support 文本框中。

(4)设置圆角半径。Radius 文本框中输入 50mm，结果如图 4-56 所示。

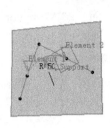

图 4-56　创建未裁剪的曲线圆角

（5）如果选中 Trim element 1 和 Trim element 2 复选框，表示以两曲线生成的圆角为边界进行裁剪，如图 4-57 所示。

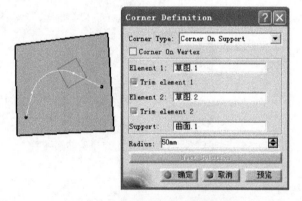

图 4-57　创建裁剪过的曲线圆角

（6）选中 Corner On Vertex 复选框，表示在曲线的转折处生成圆角。选择折线【折线.1】填入 Element 1 文本框中；并在 Radius 文本框中输入 50mm，如图 4-58 所示。

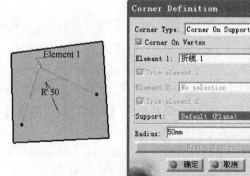

图 4-58　创建折线圆角

2) 3D Corner（空间曲线圆角）

（1）在 Corner Type 下拉列表框中选择类型为"3D Corner"。

（2）选择空间曲线【3D Curve.1】填入 Element 1 文本框中，选择空间曲线【3D Curve.2】填入 Element 2 文本框中。

（3）设置支持面。选择平面【xy 平面】填入 Direction 文本框中，结果如图 4-59 所示。

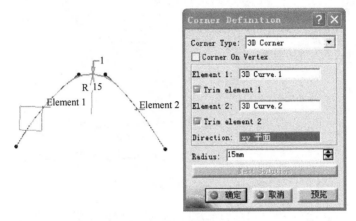

图 4-59　创建空间曲线圆角

（4）当出现多解时，可单击 Next Solution 按钮，选择合适的解。

5. 创建曲线桥接

通过曲线桥接功能，可以把两条直线或两条曲线以不同连续级别进行连接。曲线桥接功能中，有三种连续级别：点连续（point continuity）、相切连续（tangency continuity）和曲率连续（curvature continuity）。创建曲线桥接的操作步骤如下：

（1）在 Wireframe 工具栏中，单击"Connect Curve"（曲线桥接）按钮，弹出 Connect Curve Definition 对话框。

（2）选择曲线【曲线.2】的顶点填入 First Curve 选项区域中的 Point 文本框中。

（3）选择曲线【曲线.2】填入 First Curve 选项区域中的 Curve 文本框中。

（4）同样选择曲线【曲线.1】的顶点填入 Second Curve 选项区域中的 Point 文本框中；选择曲线【曲线.1】填入 Second Curve 选项区域中的 Curve 文本框中。

（5）在 First Curve 选项区域中的 Continuity 下拉列表中设置桥接曲线与第一条曲线的连接级别，选择点连续 Point。

（6）在 Second Curve 选项区域中的 Continuity 下拉列表中设置桥接曲线与第二条曲线的连接级别，选择点连续 Point。

（7）设置桥接曲线的张力。在 First Curve 选项区域中的 Tension 文本框中输入 1；在 Second Curve 选项区域中的 Tension 文本框中输入 1，结果如图 4-60 所示。

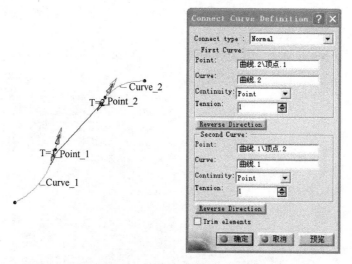

图 4-60　点连续桥接曲线的创建

（8）如果设置连接级别为相切连续 Tangency，结果如图 4-61 所示。

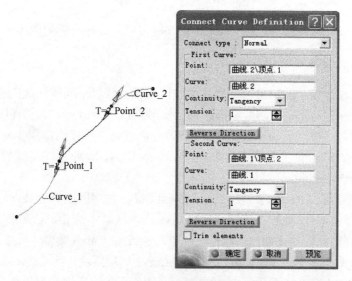

图 4-61　相切连续桥接曲线的创建

（9）如果设置连续级别为曲率连续 Curvature，结果如图 4-62 所示。

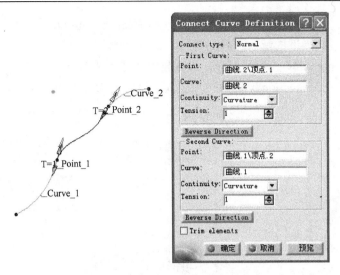

图 4-62　曲率连续桥接曲线的创建

(10)选中□Trim elements 复选框，表示用生成的桥接曲线裁剪两条曲线，并与桥接曲线形成一条新的曲线。

4.2.6　投影变换

通过投影功能，可以把已知的点、直线、曲线等元素投影到指定的曲面(平面)上，形成新的投影元素。创建投影曲线的操作步骤如下：

(1)在 Wireframe 工具栏中，单击"Projection"(投影)按钮，弹出 Projection Definition 对话框。

(2)设置投影类型。在 Projection type 下拉列表框中，选择 Normal 选项，表示投影方向为曲面的法向。单击 Projected 文本框后的按钮可以同时选择多个元素进行投影。这里选择曲线【草图.1】元素。选择曲面【曲面.1】填入 Support 文本框中作为支持面(投影面)，结果如图 4-63 所示。

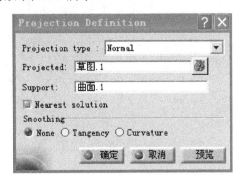

图 4-63　沿曲面的法线方向投影

（3）如果投影结果存在多个解，那么选中 Nearest solution 复选框，系统会自动选择投影元素最接近的解。

（4）在 Smoothing 选项区域中，设置投影曲线的光顺情况。

（5）如果在 Projection type 下拉列表框中设置投影类型为 Along a direction，并选择直线【线.1】填入 Direction 文本框中，结果如图 4-64 所示。

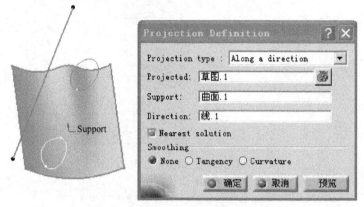

图 4-64　沿指定方向投影

4.2.7　创建相交曲线

在 CATIA 中，通过相交功能，可求出两个或者两个以上的元素交线（点）。创建相交曲线的操作步骤如下：

（1）在 Wireframe 工具栏中，单击"Intersection"（相交）按钮，弹出 Intersection Definition 对话框。

（2）设置相交元素。选择曲线【曲线.1】填入 First Element 文本框中；选择曲线【曲线.2】填入 Second Element 文本框中，结果如图 4-65 所示。如果想选择多个元素，可单击文本框后的按钮。当曲线与其他元素相交时，结果可能是点或者曲线，选中 Curve 单选按钮，表示结果为曲线；选中 Points 单选按钮，表示结果为点。

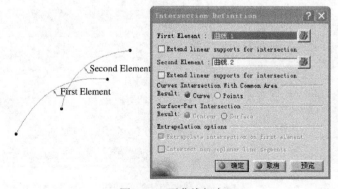

图 4-65　两曲线相交

（3）如果分别选择曲面【曲面.1】填入 First Element 文本框中；选择曲面【曲面.2】填入 Second Element 文本框中，生成的交线以较短的面为准。如果选中 `Extrapolate intersection on first element` 复选框，表示以较长的面为准，如图 4-66 所示。

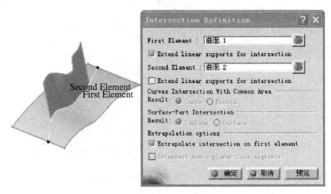

图 4-66　两曲面相交

（4）曲面与实体相交时，选中 `Contour` 单选按钮，结果是曲面与实体相交的轮廓，如图 4-67 所示；选中 `Surface` 单选按钮，结果是曲面在实体内部分的曲面，如图 4-68 所示。

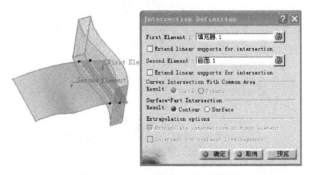

图 4-67　选中 Contour 单选按钮

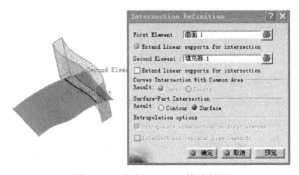

图 4-68　选中 Surface 单选按钮

(5)如果选择的两条曲线不相交可以求出两条曲线在各自延长线上的交点。选择曲线【曲线.2】填入 First Element 文本框中；选择曲线【曲线.3】填入 Second Element 文本框中；再选中复选框 Intersect non coplanar line segments，如图 4-69 所示。

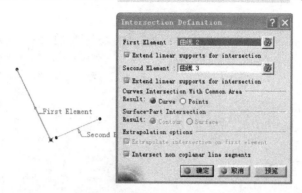

图 4-69　两曲线延长线的交点

(6)如果选择的两条曲线不相交，可以求出两条曲线最小距离的中点。选择曲线【曲线.2】填入 First Element 文本框中；选择曲线【曲线.4】填入 Second Element 文本框中，再选中 Intersect non coplanar line segments 复选框，如图 4-70 所示。

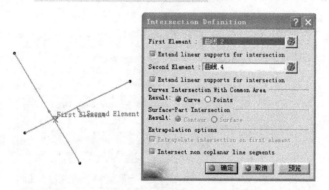

图 4-70　两条不相交曲线的相交结果

4.2.8　创建平行曲线

已知一条曲线，可以通过平行曲线按钮，在支持面上创建已知曲线的平行线。创建平行曲线的操作步骤如下：

(1)在 Wireframe 工具栏中，单击"Parallel Curve"（平行曲线）按钮，弹出 Parallel Curve Definition 对话框。

(2)设置参考曲线。选择平台上的曲线【曲线.1】填入 Curve 文本框中。

(3) 设置支持面。选择曲面【曲面.1】填入 Support 文本框中。

(4) 设置平行偏移的距离。在 Constant 文本框中输入 15mm，单击 "预览" 按钮，结果如图 4-71 所示。

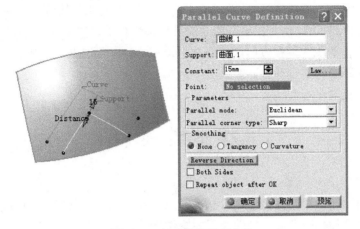

图 4-71   创建偏移平行曲线

(5) 如果在曲面上选择一点填入 Point 文本框中，表示生成的平行曲线将通过此点。

(6) 在 Parameters 选项区域中的 Parallel mode 下拉列表中选择一种平行方式。其中，Euclidean 方式表示参考曲线与平行曲线的绝对距离是 15mm；Geoesic 方式表示参考曲线与平行曲线沿支持面的距离为 15mm。

(7) 设定平行曲线是否保留尖角。Sharp 选项表示保留原来参数曲线的角度；Round 选项表示用圆角代替平行曲线的尖角，如图 4-72 所示。

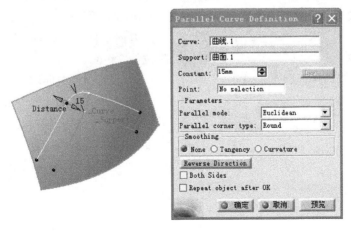

图 4-72   选择 Round 选项时

（8）在 Smoothing 选项区域中设定平行曲线的光顺情况。选中 None 单选按钮，表示不考虑曲线的光顺情况；选中 Tangency 单选按钮，表示生成的平行曲线具有一阶连续，在 Deiation 文本框中设置误差值；选中 Curvature 单选按钮，表示生成的平行曲线二阶连续，当生成的平行曲线不可能二阶连续时，系统会弹出 Warning（警告）对话框，并指出不连续的具体部位。单击 Reverse Direction 按钮，可以改变平行曲线的偏移方向。如果选中 Both Sides 复选框，表示在参考曲线的两侧生成等距离的平行曲线。如果选中 Repeat object after OK 复选框，表示可以继续生成等距离的平行曲线。

4.3　曲面架构

4.3.1　拉伸

拉伸是比较常用的曲面创建方法，通过拉伸功能，可以把已知曲线轮廓按照指定的方向拉伸形成曲面。拉伸曲面的操作步骤如下：

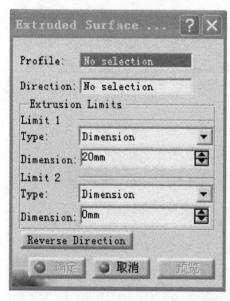

图 4-73　Extruded Surface Definition 对话框

（1）在 Surfaces 工具栏中单击"Extrude"（拉伸曲面）按钮，系统弹出 Extruded Surface Definition 对话框，如图 4-73 所示。

（2）设置轮廓曲线。选择平面曲线【曲线.1】填入 Profile 文本框中。

（3）设置曲面的拉伸长度。在 Limit 1 文本框中输入 25mm；在 Limit 2 文本框中输入 25mm，表示曲面在指定的拉伸方向正向一侧拉伸 25mm，反向一侧拉伸 25mm。

（4）设置拉伸方向。默认是平面曲线【曲线.1】所在的 yz 平面，如图 4-74（a）所示；如果按照指定方向拉伸，选择直线【线.1】作为拉伸方向，如图 4-74（b）所示。单击红色箭头可以反向拉伸。单击 Reverse Direction 按钮，将生成的曲面反向。

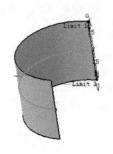

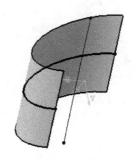

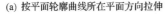

(a) 按平面轮廓曲线所在平面方向拉伸　　　　　(b) 按指定方向拉伸

图 4-74　轮廓曲线的拉伸

4.3.2　旋转

已知旋转面的轮廓线和旋转轴线，通过旋转曲面功能可以创建旋转曲面。旋转曲面的操作步骤如下：

(1) 在 Surfaces 工具栏中单击"Revolve"（旋转曲面）按钮 ，系统弹出 Revolution Surface Definition 对话框。

(2) 设置旋转轮廓线。选择曲线【曲线.1】填入 Profile 文本框中。

(3) 设置旋转轴线。选择直线【线.1】作为旋转轴线填入 Revolution axis 文本框中。

(4) 设置旋转角度。在 Angle 1 和 Angle 2 文本框中输入相应的旋转角度。这里在 Angle 1 文本框中输入 360deg，在 Angle 2 文本框中输入 0deg，结果如图 4-75 所示。

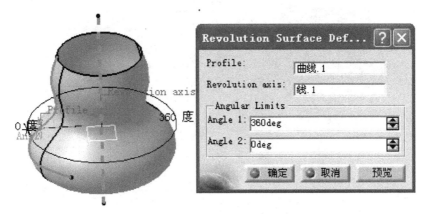

图 4-75　创建旋转曲面

(5) 采用曲面作为旋转轮廓，将生成一个封闭的曲面。选择曲面【曲面.1】填入 Profile 文本框中，选择直线【线.1】作为旋转轴线，结果如图 4-76 所示。

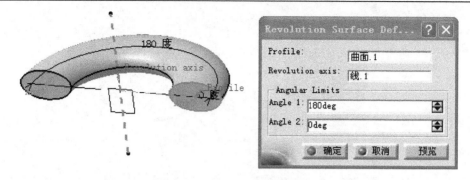

图 4-76　用曲面作为旋转轮廓创建旋转曲面

4.3.3　圆球

已知一点和半径，通过球形曲面功能可以创建球面。球形曲面的操作步骤如下：

（1）在 Surfaces 工具栏中单击"Sphere"（球形曲面）按钮 ⊙，系统弹出 Sphere Surface Definition 对话框。

（2）设置球心。选择点【点.1】填入 Center 文本框中。

（3）设置球面的半径。在 Sphere radius 文本框中输入 30mm。

（4）单击 按钮，可以建立不完整的球面。分别在 Parallel Start Angle、Parallel End Angle、Meridian Start Angle、Meridian End Angle 文本框中输入相应的角度，结果如图 4-77 所示。

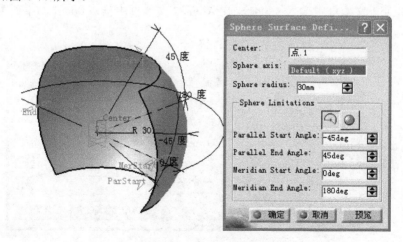

图 4-77　创建不完整的球面

（5）单击 ⊙ 按钮，可以建立完整的球面，结果如图 4-78 所示。

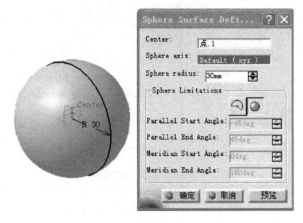

图 4-78　创建完整的球面

4.3.4　偏置

通过偏置曲面功能，可以把已知的曲面沿曲面的法向向里或者向外偏置一定的距离形成偏置曲面。偏置曲面的操作步骤如下。

(1)在 Surfaces 工具栏中单击"Offset"(偏置曲面)按钮 ☎，系统弹出 Offset Surface Definition 对话框。

(2)设置参考曲面。选择需要偏置的曲面【曲面.1】填入 Surface 文本框中。

(3)设置偏置距离。在 Offset 文本框中输入 15mm，红色箭头表示偏置的方向，单击"预览"按钮，结果如图 4-79 所示。

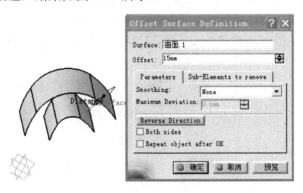

图 4-79　创建偏置曲面

(4)如果选中 Both sides 复选框，将在参考曲面的两侧生成等距的曲面。

(5)选中 Repeat object after OK 复选框，单击"确定"按钮，将按照同样的参数生成一系列的偏置曲面。

(6)单击"Sub-Elements to remove"标签，选择曲面中不需要偏置的子曲面填入该标签下的列表框中，如图 4-80 所示。

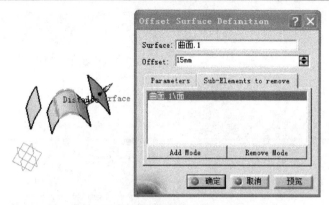

图 4-80　移去不需要偏置的子曲面

4.3.5　轮廓扫掠

将一条轮廓线沿着一条导引线扫掠形成的曲面就是扫掠面。CATIA 中通过扫掠面功能可以实现扫掠面，具体有四种方式。

1）精确扫掠

精确扫掠可以使用任意轮廓线且需要定义一条或两条导引线。精确扫掠的操作步骤如下：

（1）在 Surfaces 工具栏中单击"Sweep"（扫掠面）按钮 ，系统弹出 Swept Surface Definition 对话框。

（2）单击 Profile type 后面的"Explicit"按钮 ，表示选择轮廓扫掠类型。

（3）设置轮廓曲线。选择曲线【草图.1】填入 Profile 文本框中。

（4）设置导引线。选择曲线【草图.2】填入 Guide curve 文本框中，单击"预览"按钮，如图 4-81 所示。

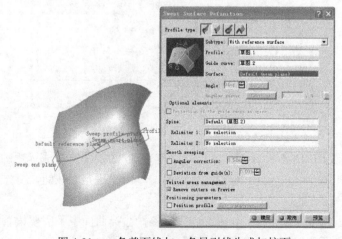

图 4-81　一条截面线与一条导引线生成扫掠面

使用两条导引线建立扫掠面的操作界面如图 4-82 所示。

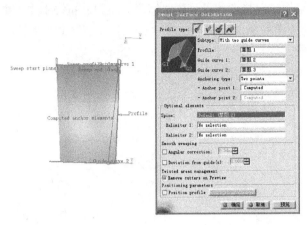

图 4-82　使用两条导引线建立扫掠面的操作界面

使用一条导引线和一个方向精确建立扫掠面的操作界面如图 4-83 所示。

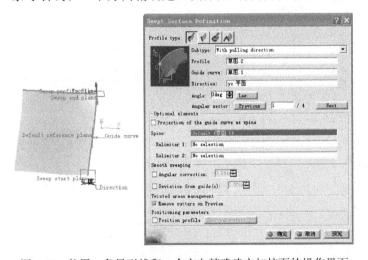

图 4-83　使用一条导引线和一个方向精确建立扫掠面的操作界面

2) 直线扫掠

直线扫掠是指以直线沿导引线进行扫掠，不需要绘制轮廓线，只需定义一条或几条导引线。直线扫掠中有 7 种子类型：Two limits、Limit and middle、With reference surface、With reference curve、With tangency surface、With draft direction 和 With two tangency surfaces。直线扫掠的操作步骤如下：

（1）单击 Profile type 后面的 "Line"（直线）按钮 ，表示选择直线扫掠类型。

（2）在 Subtype 下拉列表框中选择类型 Two limits，表示通过两条导引线来生成扫掠面。

（3）设置导引线。选择曲线【草图.2】填入 Guide curve 1 文本框中作为第一条导引线；选择曲线【草图.3】填入 Guide curve 2 文本框中作为第二条导引线。

（4）设置脊线。选择曲线【草图.2】填入 Spine 文本框中。

（5）设置扫掠面向外延伸的距离。在 Length 1 文本框中输入 20mm；在 Length 2 文本框中输入 0mm。单击"预览"按钮，结果如图 4-84 所示。

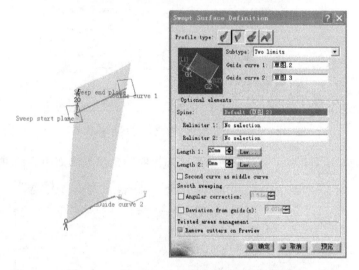

图 4-84　"Two limits"类型创建直线扫掠面

（6）使用两条导引线，第二条导引线作为扫掠面的中线（Limit and middle），曲面在第二条导引线一侧向外延伸，结果如图 4-85 所示。

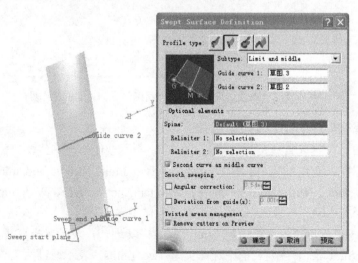

图 4-85　"Limit and middle"类型创建直线扫掠面

(7) 使用一条导引线和一个参考曲面（With reference surface），直线轮廓沿参考面上的导引线扫掠。需选择一条导引线和一个参考面，导引线必须在参考面上，结果如图 4-86 所示。

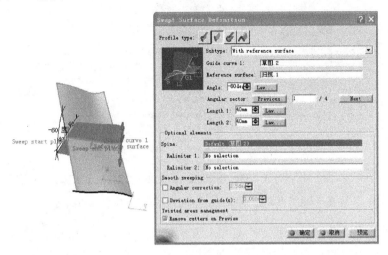

图 4-86　"With reference surface" 类型创建直线扫掠面

(8) 使用一条导引线和一个参考曲线（With reference curve），直线轮廓沿导引线扫掠。需选择一条导引线和一个参考曲线，结果如图 4-87 所示。

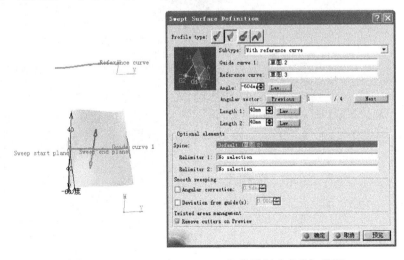

图 4-87　"With reference curve" 类型创建直线扫掠面

(9) 使用一条导引线并与曲面相切（With tangency surface），选择一条导引线和一个要相切的曲面，当有多个解时，单击 "Next" 按钮选择下一个解，结果如图 4-88 所示。

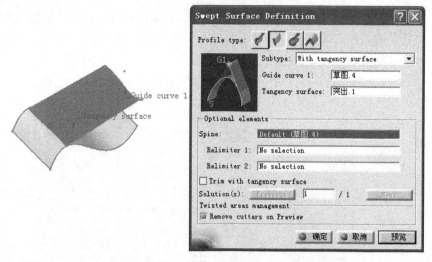

图 4-88　"With tangency surface" 类型创建直线扫掠面

(10)使用一条导引线和一个草拟的方向(With draft direction)，选择一条导引线并确定一个方向，直线沿选择的方向沿导引线扫掠，结果如图 4-89 所示。

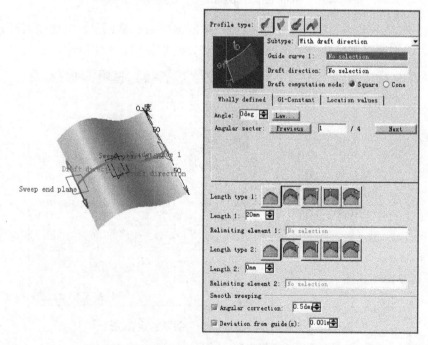

图 4-89　"With draft direction" 类型创建直线扫掠面

(11)与两个曲面相切(With two tangency surfaces)，选择两个曲面和一条脊线，直线轮廓沿脊线扫掠并与两个曲面相切，结果如图 4-90 所示。

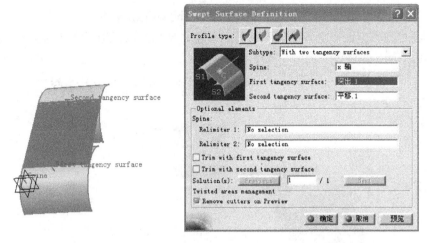

图 4-90　"With two tangency surfaces"类型创建直线扫掠面

3) 圆弧扫掠

圆弧扫掠是以圆弧为截面线, 通过指定导引线来创建扫掠面, 不需要绘制轮廓线, 只需要绘制导引线或脊线即可。在 Subtype 下拉列表框中可以选择建立的方法。

(1) 通过三条引导线(Three guides)来生成扫掠面, 这三条引导线即圆弧轮廓, 结果如图 4-91 所示。

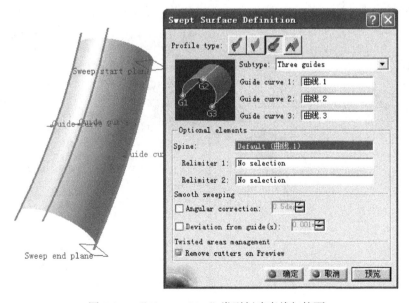

图 4-91　"Three guides"类型创建直线扫掠面

(2)通过两条引导线和半径（Two guides and radius）来生成扫掠面，选择两条引导线和圆弧半径即可，出现多解时，单击"Next"按钮选择合适的解，结果如图 4-92 所示。

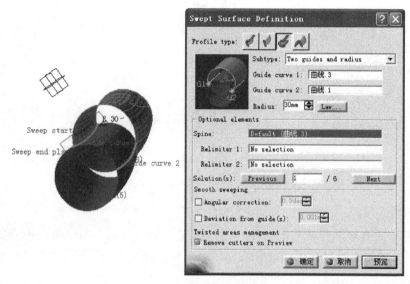

图 4-92　　"Two guides and radius"类型创建直线扫掠面

(3)通过两条导引线和半径（Center and two angles）来生成扫掠面，设置中心曲线、参考曲线，输入角度和固定的扫掠面半径，结果如图 4-93 所示。

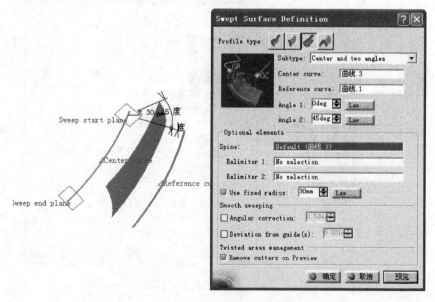

图 4-93　　"Center and two angles"类型创建扫掠面

（4）通过中心线和半径（Center and radius）来生成扫掠面，选择扫掠面的中线，在 Radius 文本框中设置半径，结果如图 4-94 所示。

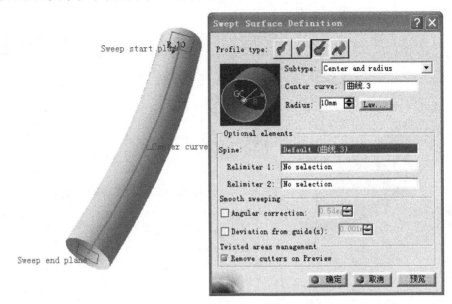

图 4-94   "Center and radius" 类型创建扫掠面

（5）通过两条导引线和一个相切曲面（Two guides and tangency surface）来生成扫掠曲面，设置相切曲面以及限制曲线，设置半径，出现多解时，单击"Next"按钮选择合适的解，结果如图 4-95 所示。

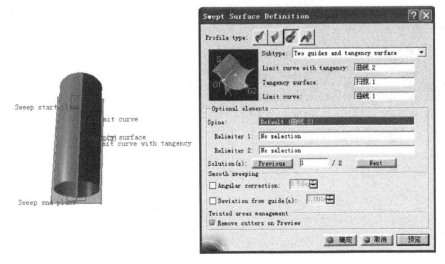

图 4-95   "Two guides and tangency surface" 类型创建扫掠面

(6)通过一条导引线，按给定半径与曲面相切(One guide and tangency surface)来生成扫掠面，圆弧轮廓将沿导引线扫掠并与曲面相切，出现多解时，单击"Next"按钮选择合适的解，结果如图 4-96 所示。

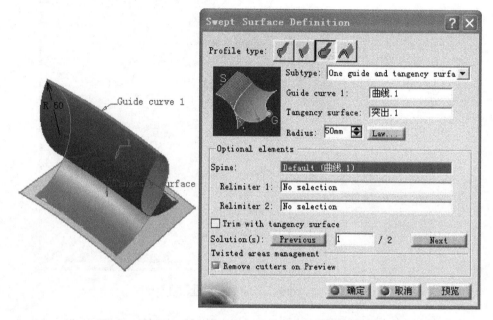

图 4-96　"One guide and tangency surface"类型创建扫掠面

4)圆锥扫掠

圆锥扫掠是以圆锥曲线为截面线沿导引线进行扫掠得到的曲面，特点是不需要绘制轮廓线，只要绘制导引线即可。创建圆锥扫掠面有以下 4 种方法：

(1)使用两条导引线(Two guides)。

(2)使用三条导引线(Three guides)。

(3)使用四条导引线(Four guides)。

(4)使用五条导引线(Five guides)。

具体创建方法，这里就不在叙述。

4.3.6　创建填充曲面

创建填充曲面的操作步骤如下：

(1)在 Surfaces 工具栏中，单击"Fill"(填充曲面)按钮，系统弹出如图 4-97 右边所示的 Fill Surface Definition 对话框。

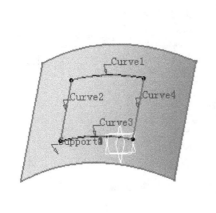

图 4-97 Fill Surface Definition 对话框

(2)选择填充的曲面边界曲线填入对话框的列表框中，这里依次选择曲线【抽取.1】、曲线【抽取.2】、曲线【抽取.3】、曲线【抽取.4】，选择每个边界曲线所在的曲面作为支持面。

(3)在 Continuity 中设置填充曲面与支持面的链接关系。Point 选择表示点连续(G0 连续)，Tangent 选项表示相切连续(G1 连续)，Curvature 选项表示曲率连续(G2 连续)。这里选择 Tangent 选项。

(4)设置填充曲面的通过点填入 Passing point: 文本框中，也可以不选，结果如图 4-97 所示。

4.3.7 创建放样曲面

放样曲面的操作步骤如下。

(1)在 Surfaces 工具栏中，单击"放样曲面"按钮，系统弹出如图 4-98 右边所示的 Multi-sections Surface Definition 对话框。

(2)选择曲线【Sketch.1】、曲线【Sketch.2】、曲线【Sketch.3】填入对话框上部的列表框中，作为放样曲面的截面线。每条截面线的起点作为 Closing Point，并在 Closing Point 处有一个箭头，表示截面线的方向，单击箭头可以将截面线的方向反向，使放样曲面的每一个截面线方向相同，单击"预览"按钮，如图 4-98 左边所示。如果截面线的方向不同，生成的面会扭曲或无法生成曲面。

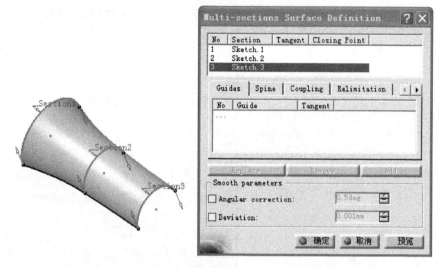

图 4-98　Multi-sections Surface Definition 对话框

（3）选择曲面下边的两条曲线填入对话框下部的列表框中，作为导引线，结果如图 4-99 所示，如果生成的曲面扭曲，原因是截面线的 Closing Point 没有对应起来。

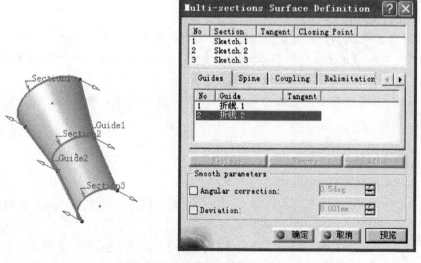

图 4-99　创建带导引线的放样曲面

（4）设置截面线的相切面。选择曲线【曲线.1】、曲线【曲线.2】填入对话框上部的列表框中，选择上下相邻的两个曲面作为相切面，结果如图 4-100 所示。

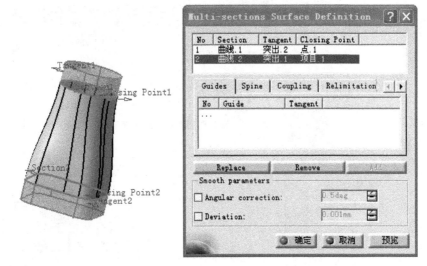

图 4-100　创建带相切面的放样曲面

(5) 单击 "Coupling" 选项卡，在 Sections coupling 列表框中列出四种多截面线的对应方式，如图 4-101 所示。

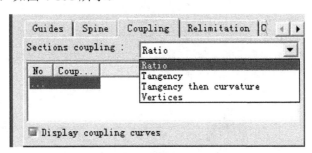

图 4-101　四种多截面线的对应方式

① Ratio 选项表示按照截面线的比例连接。

② Tangency 选项表示以截面线的切线斜率的不连续点连接截面线，注意截面线之间必须有相同的切线斜率不连续点。

③ Tangency then curvature 选项表示以截面线的不连续点为主，以曲率不连续点为辅，连接曲面，同样截面线之间必须有曲率不连续点。

④ Vertices 选项表示按照截面线的拐点依次连接截面线。

(6) 设定放样曲面的截面边界。单击 Relimitation 复选框，选择复选框 ▣ Relimited on start section 表示放样曲面以第一个截面线为边界；选择 ▣ Relimited on end section 复选框表示以最后一个截面为边界。选择 Sketch.1、Sketch.2 填入对话框上部的列表框，选择 Sketch.3、Sketch.4 填入 Guides 列表框作为导引线。图 4-102 为选中两个复选框的情况，图 4-103 为不选中两个复选框的情况。

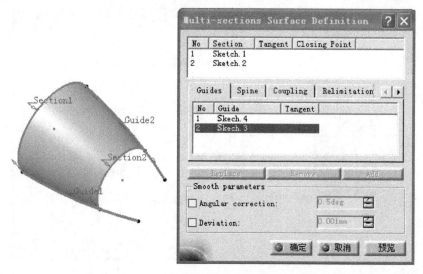

图 4-102　以起始截面线为边界创建放样曲面

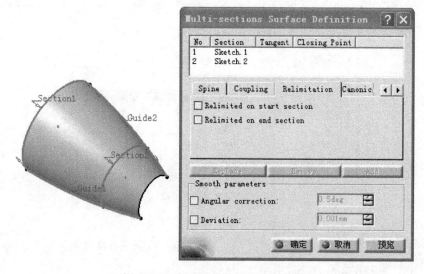

图 4-103　创建不设边界的放样曲面

4.3.8　创建桥接曲面

创建桥接曲面的操作步骤如下：

（1）在 Surfaces 工具栏中单击"Blend"（桥接曲面）按钮 ，系统弹出如图 4-104 所示的对话框。

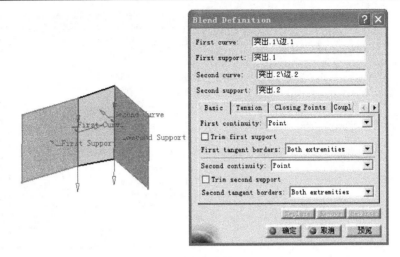

图 4-104　点连续

(2)设置第一条曲线。选择曲面【突出.1】的边线填入 First curve 文本框。

(3)设置第一个支持面。选择曲面【突出.1】填入 First support 文本框，作为第一条曲线的支持面。

(4)同样方法，选择曲面【突出.2】的边界填入 Second curve 文本框，选择曲面【突出.2】填入 Second support 文本框，作为第二条曲线的支持面。

(5)单击"Basic"选项卡，在 First continuity 和 Second continuity 下拉列表框中选择桥接曲面与支持面的连续方式，如图 4-105 所示。连续方式有三种，其中 Point 选项表示点连续；Tangency 选项表示相切连续；Curvature 选项表示曲率连续，如图 4-106 所示。

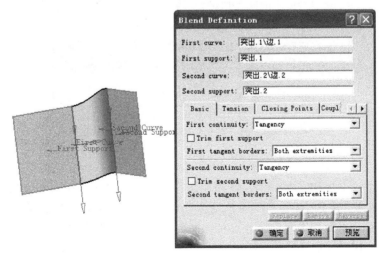

图 4-105　相切连续

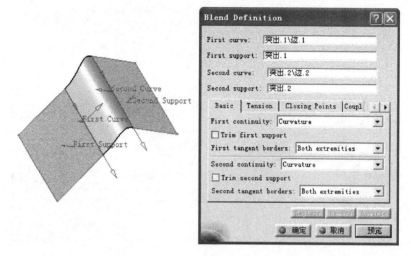

图 4-106　曲率连续

(6)如果选择 ⬜Trim first support 复选框，表示对第一支持面以桥接曲面进行裁剪；如果选择 ⬜Trim second support 复选框，表示对第二支持面以桥接曲面进行裁剪。

(7)在 First tangent borders 下拉列表框中，设置桥接曲面与支持面之间相切的有效区域。其中，Both extremities 选项表示在整条曲线的区域多要求相切；None 选项表示不要求相切；Start extremity only 选项表示仅要求在曲线的起始端相切；End extremity only 选项表示仅要求在曲线的结束端相切，如图 4-107 所示。

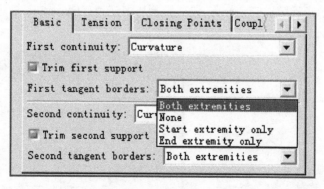

图 4-107　相切有效方式

(8)单击"Tension"选项卡，弹出如图 4-108 所示的对话框。通过此对话框可以调整桥接曲面的张力，张力的调整方法有两种：Constant(常数)和 Linear(线性)。在 First tension 下拉列表框中选择 Constant 选项，在 T1 文本框中输入 0.6，在 Second tension 下拉列表框中选择 Constant 选项，在 T1 文本框中输入 0.6，如图 4-108 所示。如果选择 Linear 选项，表示张力值从 T1 到 T2 线性变化。

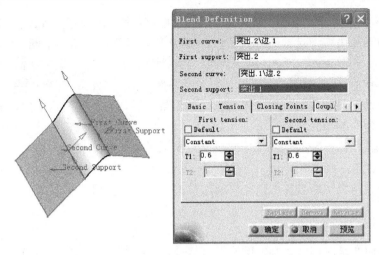

图 4-108 设置张力为 0.6 的情况

4.4 曲面和曲线的编辑

4.4.1 合并

合并是把各个单独的曲面或曲线合并成一个整体的曲面或曲线。合并的操作步骤如下。

(1) 在 Operations 工具栏中单击"Join"(合并)按钮，系统弹出如图 4-109 所示的 Join Definition 对话框。

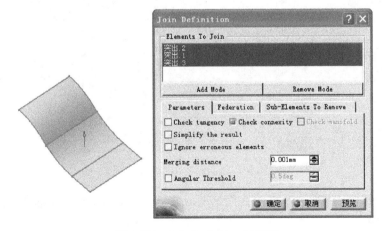

图 4-109 Join Definition 对话框

(2) 单击"Parameters"选项卡，如果选中 Check tangency 复选框，表示对选择的元素进行相切连续性检查，如果合并的元素不相切，将弹出出错提示；如果选

择 ☑ Check connexity 复选框，表示对已选的元素进行距离连续性检查，如果选择的元素之间的距离大于设置的 Merging distance 值，将弹出出错提示框。

(3)选中 ☑ Simplify the result 复选框，表示对选择的元素进行简化；选中 ☑ Ignore erroneous elements 复选框，表示忽略不符合要求的元素；在 Merging distance 文本框中设置两曲面允许合并的元素之间的最大距离，系统允许的两曲面之间的最大距离为 0.001mm。

(4)选中 Angular Threshold 复选框，在其后的文本框中设置两曲面允许合并的最大夹角。选择曲面 Extrude.1、曲面 Extrude.2 添入列表框中进行合并，如果两曲面之间的夹角大于所设置的值 0.5deg，单击"预览"按钮，将显示出错提示。

4.4.2　缝补

缝补曲面是对曲面之间的间隙进行缝补，从而缩小曲面之间的间隙。缝补曲面的操作步骤如下。

(1)在 Operations 工具栏中单击"Healing"(缝补)按钮 ，系统弹出如图 4-110 所示的对话框。

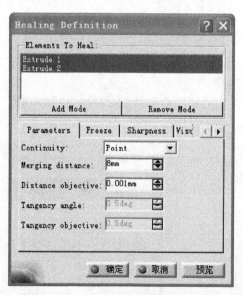

图 4-110　Healing Definition 对话框

(2)选择需要缝补的对象填入对话框，选择曲面 Extrude.1、曲面 Extrude.2 填入列表框中。

(3)设置生成的缝补曲面与需要缝补曲面之间的连续方式。单击"Parameters"选项，在 Continuity 下拉列表框中选择连续方式，其中，Point 表示点连续，Tangency 表示相切连续，这里选择 Tangency。

(4)在 Merging distance 文本框中设置可缝补的最大距离值，一般应大于两曲面之间的最大距离，这里输入 8mm。

(5)在 Distance objective 文本框中设置缝补的目标值，这里输入 0.001mm，结果如图 4-111 所示。

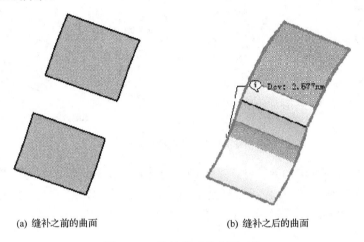

(a) 缝补之前的曲面 　　　　　　　　　 (b) 缝补之后的曲面

图 4-111　缝补前后的曲面对比

4.4.3　分解

分解操作与合并操作相反，通过分解可以将合并的整个曲面分解成若干个单独的曲面。分解的操作步骤如下：

(1)在 Operations 工具栏中，单击"Disassemble"（分解）按钮，系统弹出如图 4-112 所示的 Disassemble 对话框。

图 4-112　Disassemble 对话框

（2）单击需要分解的曲面 Surface.1。分解结果如图 4-113 所示，变化可以从历程树上明显地看到。

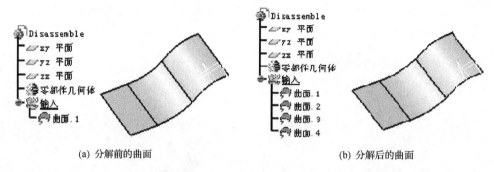

(a) 分解前的曲面　　　　　　　　　　　(b) 分解后的曲面

图 4-113　曲面分解的结果

分解有两种方式：第一种是 All Cell 方式，单击对话框左下方的按钮，表示将曲面分解成最小的曲面；第二种是 Domains Only 方式，表示曲面之间边线相连，且具有同一边界，在分解后，依然是一个曲面。

4.4.4　曲线光顺

曲线光顺功能可以减少曲面的不连续点，使曲面更加光顺。曲线光顺的操作步骤如下：

（1）在 Operations 工具栏中，单击"Curve smooth"（曲线光顺）按钮，系统弹出如图 4-114 中左边所示的 Curve Smooth Definition 对话框。

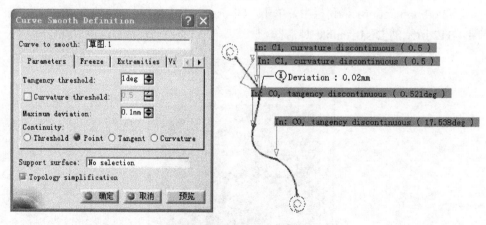

图 4-114　曲线光顺对话框

（2）设置需要光顺的曲线。选择曲线【草图.1】填入 Curve to smooth 文本框中。

（3）单击"Parameters"选项卡，在 Tangency threshold 文本框中输入可以进行

光顺的相切不连续最大角度，表示对于小于此值的不连续部位进行光顺，大于此值的保留原状，这里输入 1deg。

（4）选中 Curvature threshold 复选框，在其后的文本框中输入可以进行光顺的最小值，表示对小于此值的部位进行光顺，对于大于此值的保留原状，这里输入 0.5。

（5）在 Maximum deviation 文本框中设置曲线上点不连续的最大值。这里输入 0.1mm，单击"预览"按钮，如图 4-114 中右边所示。图中，In 表示光顺该部位的连续情况，Out 表示光顺之后该部位的情况，红色表示该部位的斜率、曲率不连续的情况不满足光顺的要求；黄色表示该部位的斜率不连续满足光顺的要求，但曲率不连续不满足光顺的要求；绿色表示该部位的斜率、曲率不连续等情况都满足设定进行光顺的要求。

4.4.5　裁剪

裁剪功能是利用点、线、面等元素进行裁剪，在 CATIA 中有两种方式：一种是 Split（分割），即利用其他元素作为边界对一个元素进行裁剪；另一种是 Trim（修剪），即两个同类元素相互裁剪，并结合成一个元素。

1. Split（分割）

分割的操作步骤如下：

（1）在 Operations 工具栏中，单击"Split"（分割）按钮，系统弹出如图 4-115 所示的 Split Definition 对话框。

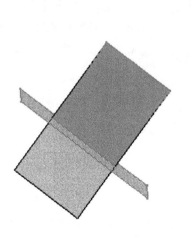
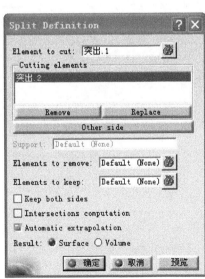

图 4-115　Split Definition 对话框

(2) 设置被分割的元素。选择曲面【突出.1】填入 Element to cut 文本框中。

(3) 设置分割边界。选择曲面【突出.2】填入 Cutting elements 下拉列表框中，单击"预览"按钮，结果如图 4-115 中左边所示。

(4) 单击 `Other side` 按钮，另外一侧作为保留结果。

(5) 选中 `Keep both sides` 复选框，两侧的结果都保留。

(6) 选中 `Intersections computation` 复选框，表示计算曲面【突出.1】、曲面【突出.2】的相交情况。

(7) 选中 `Automatic extrapolation` 复选框，表示将分割边界自动外插延伸，直至可以裁剪分割元素。

(8) 当分割边界与被分割元素有多条交线时，可指定裁剪的部位和保留的部位，选择平台上的曲面【曲面.1】填入 Element to cut 文本框，选择平面【平面.1】填入 Cutting elements 列表框，单击"预览"按钮，选择需要移去部位的一侧的边线填入 Elements to remove 文本框，选择需要保留的部位的边线填入 Elements to keep 文本框，结果如图 4-116 所示。

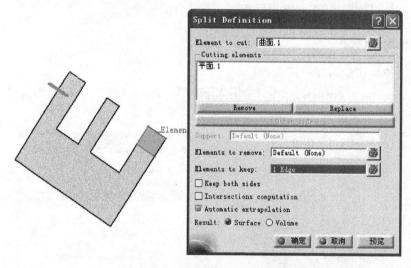

图 4-116　有选择地保留裁剪结果

2. Trim（修剪）

修剪的操作步骤如下：

(1) 在 Operations 工具栏中，单击"Trim"（修剪）按钮 ，系统弹出如图 4-117 所示的 Trim Definition 对话框。设置修剪元素，选择曲面【突出.1】填入 Trimmed elements 文本框作为第一个修剪元素，曲面【突出.2】填入 Trimmed elements 文本框作为第二个修剪元素，单击"预览"按钮，结果如图 4-117 中左边所示。

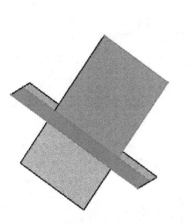

图 4-117　Trim Definition 对话框

(2) 单击 Other side / next element 按钮或 Other side / previous element 按钮，保留修剪元素的另一面。

(3) 同样，选中 Intersection computation 复选框，表示计算并保留曲面【突出.1】、曲面【突出.2】的相交结果。

4.4.6　恢复裁剪

通过 Untrim(恢复裁剪)功能可以将裁剪的曲面或曲线恢复到未裁剪以前的状态。恢复裁剪的操作步骤为：在 Operations 工具栏中，单击"Untrim"(恢复裁剪)按钮，系统弹出如图 4-118 中左边所示的 Untrim 对话框。选中平台上需要恢复裁剪的曲面，单击"确定"按钮，结果如图 4-118 中右边所示。

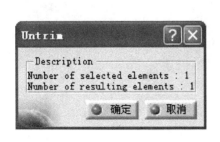
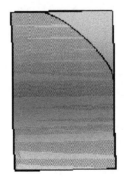

图 4-118　Untrim 对话框

4.4.7 提取元素

如果想利用已存在的几何体的点、线、面等元素，可以通过提取元素功能将它们提取出来，CATIA 中提取元素有两种方法：一种是 Boundary（提取边界）；另一种是 Extract（提取几何体元素）。

1. Boundary（提取边界）

提取边界的操作步骤如下。

（1）在 Operations 工具栏中，单击"Boundary"（提取边界）按钮 ⌒，系统弹出如图 4-119 所示的 Boundary Definition 对话框。

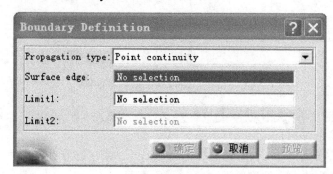

图 4-119　Boundary Definition 对话框

（2）选择平台上需要提取的边界曲面【曲面.2】的边界填入 Surface edge 文本框中。

（3）设置 Propagation type 类型，Point continuity 表示与已选择的边线点连续的边线都被提取，如图 4-120（a）所示；Tangency continuity 表示与选择边线相切连续的边线都被提取，如图 4-120（b）所示；Complete continuity 表示提取曲面的所有边线；No Propagation 只提取选中的边线，如图 4-120（c）所示。

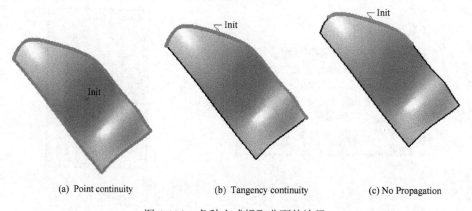

(a) Point continuity　　　　(b) Tangency continuity　　　　(c) No Propagation

图 4-120　各种方式提取曲面的边界

(4)设置限制元素。选择边线上的两点(Vertex)分别填入 Limit 1 和 Limit 2 文本框，箭头的方向表示提取元素的方向，如图 4-121 所示。

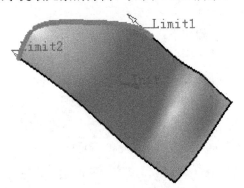

图 4-121　设置提取曲面边界的限制因素

2. Extract(提取几何体元素)

提取几何体元素的操作步骤如下：

(1)在 Operations 工具栏中，单击"Extract"(提取几何体元素)按钮，系统弹出如图 4-122 所示的 Extract Definition 对话框。

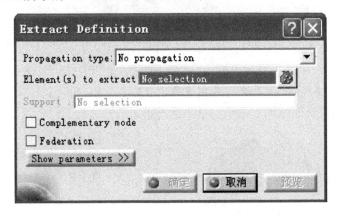

图 4-122　Extract Definition 对话框

(2)选择需要提取几何体元素 Element(s) to extract 文本框。如果需要一次提取多个元素，单击文本框后的 按钮。选择需要提取的元素，然后单击"确定"按钮。

4.4.8　曲面圆角

曲面圆角是曲面编辑中比较重要和复杂的内容，在 CATIA 中有如下几种曲面圆角：简单面圆角、边线圆角、变半径圆角、面面圆角、三角圆角。

1. 简单面圆角

简单面圆角的操作步骤如下：

(1)在 Operations 工具栏中，单击"Shape Fillet"按钮 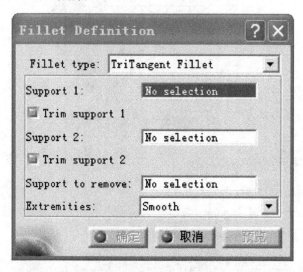，系统弹出如图 4-123 所示的 Fillet Definition 对话框。

图 4-123　Fillet Definition 对话框

(2)在 Fillet type 下拉列表框中，选择 BiTangent Fillet 类型。选择曲面【突出.1】填入 Support 1 文本框中。选择曲面【突出.2】填入 Support 2 文本框中。

(3)红色箭头表示倒角方向，单击箭头可以改变方向。

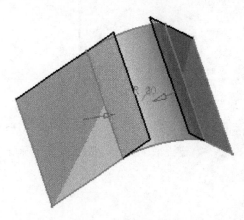

图 4-124　简单面圆角

(4)设置倒角半径。在 Radius 文本框中输入 20mm，预览如图 4-124 所示。

(5)选中 `Trim support 1` 和 `Trim support 2` 复选框，可以利用倒角来裁剪支持面，合并成一个整曲面。

(6)在 Extremities 下拉列表框中选择圆角边界的四种类型，其中 Smooth 表示圆角曲面的边界是光滑过渡的曲线；Straight 选项表示圆角曲面边界是将两曲面边线直线连接；Maximum 选项表示圆角最大；Minimum 选项表示圆角最小。

（7）设置圆角曲面的边界。选中曲线【草图.4】填入 Hold Curve 文本框中。

（8）设置圆角的脊线。选择直线【抽取.1】填入 Spine 文本框中，结果如图 4-125 所示。

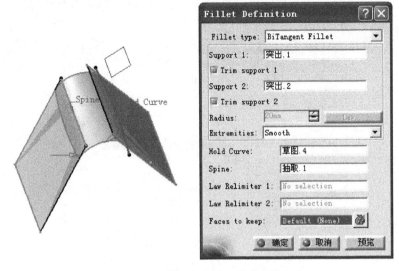

图 4-125　设置圆角边界的曲面边角

（9）如果在 Fillet type 下拉列表框中选择类型为 TriTangent Fillet 类型，表示需要指定一个曲面作为曲面圆角的切面。

（10）选择曲面【突出.2】填入 Support 1 文本框中；选择曲面【突出.3】填入 Support 2 文本框中；选择曲面【突出.1】填入 Support to remove 文本框中，结果如图 4-126 所示。

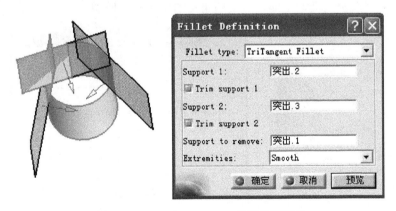

图 4-126　TriTangent Fillet 类型曲面圆角

2. 边线圆角

边线圆角是在一个整体曲面的边线上建立圆角。边线圆角的操作步骤如下：

（1）在 Operations 工具栏中单击"Edge Fillet"按钮，系统弹出如图 4-127 所示的 Edge Fillet Definition 对话框。

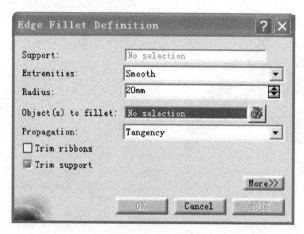

图 4-127　Edge Fillet Definition 对话框

（2）选择需要倒圆角的曲线填入 Object(s) to fillet 文本框，可以一次选择多条边线，在 Edge fillet 几何图形集中选择曲面 Surface.1 的边线。

（3）设置圆角半径。在 Radius 文本框中输入 20mm。

（4）设置边线延伸的方式。在 Propagation 下拉列表框中有两个选项，其中 Tangency 选项表示与所选边线相切的边线也被选中倒圆角，如图 4-128(a)所示；Minimal 选项表示只把选中的边线倒圆角，如图 4-128(b)所示。

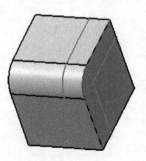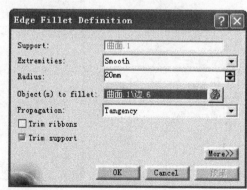

(a) Tangency方式倒圆角

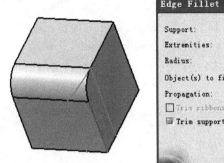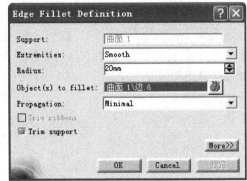

(b)　Minimal方式倒圆角

图 4-128　两种方式倒圆角

（5）选中 **Trim support** 复选框，表示当两圆角相交时，用其中一个圆角曲面切去另一个圆角曲面。

3. 变半径圆角

当曲面半径上的圆角半径不同时，可以使用变半径圆角功能。变半径圆角的操作步骤如下：

（1）在 Operations 工具栏中，单击"Variable Radius Fillet"按钮，系统弹出如图 4-129 所示的 Variable Radius Fillet Definition 对话框。

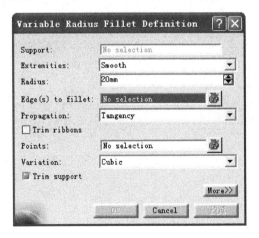

图 4-129　Variable Radius Fillet Definition 对话框

（2）在 Variable radius fillet 几何图形集中选择需要倒圆角的曲面【突出.4】的边线填入 Edge(s) to fillet 文本框中。

（3）在边线上的不同点设置不同半径。选择边线上端点填入 Points 文本框中，在图中会显示此点的半径，单击此半径值，在弹出的对话框中填入此点的半径值即可。在端点处设置半径为 10mm，在另外一端点处设置半径为 30mm。选择计算半径变化的方式，在 Variation 下拉列表框中有两个选项：Cubic 选项表示以三次方的方式计算半径变化，如图 4-130 所示；Linear 选项表示以线性的方式计算半径的变化，如图 4-131 所示。

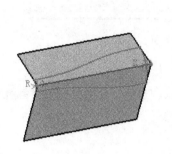
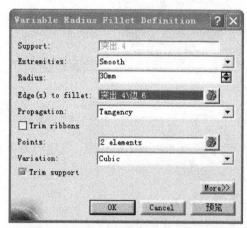

图 4-130　Cubic 方式创建变半径圆角

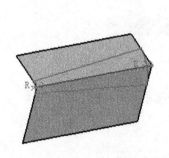
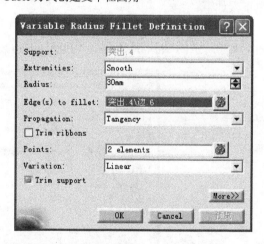

图 4-131　Linear 方式创建变半径圆角

4. 三角圆角

三角曲面与简单圆角中的 Tritangent fillet 类型相似，但是三角曲面是在一个整体曲面中，选择其中一个面作为其余两圆角曲面的切面，而简单圆角中的 Tritangent fillet 类型是三个独立的曲面。三角圆角的操作步骤如下：

(1) 在 Operations 工具栏中单击 "Tritangent Fillet" 按钮 ，系统弹出如图 4-132 所示的 Tritangent Fillet Definition 对话框。

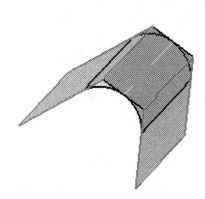

图 4-132 Tritangent Fillet Definition 对话框

(2) 设置需要圆角过渡的两个曲面。选择曲面【突出.5】的两个侧面填入 Faces to fillet 文本框，表示在这两个面之间建立过渡圆角。

(3) 设置圆角曲面的相切面（曲面中需要移去的面）。选择曲面的中间一面填入 Face to remove 文本框，结果如图 4-132 中左边所示。

4.4.9 几何变形

几何变形是对创建的曲面曲线进行平移、旋转、对称、放缩、类似、坐标系定位等操作。

1. 平移变换

平移变换的操作步骤如下：

(1) 在 Operations 工具栏中单击 "Translate"（平移变换）按钮，系统弹出如图 4-133 右边所示的 Translate Definition 对话框。

(2) 在 Translate input 几何图形集中选择曲面【球.1】填入 Element 文本框中，作为将要平移的元素，单击 按钮可以选择多个元素进行平移。

(3) 在 Vector Definition 下拉列表框中选择平移的方式为 Direction, distance 方式，表示按照指定的方向平移指定的距离，选择平面【Z Axis】作为平移的方向填入 Direction 文本框，并在 Distance 文本框中输入–57mm，单击 "预览" 按钮，结果如图 4-133 中左边所示。

图 4-133　Translate Definition 对话框

(4)选中 `Hide/Show initial element` 按钮，可以显示/隐藏原来的元素。

(5)若在 Vector Definition 下拉列表框中选择平移的方式为 Point to Point 方式，则表示从指定的起始点平移到指定的终点。

(6)若在 Vector Definition 下拉列表框中选择平移的方式为 Coordinates 方式，则表示在 X、Y、Z 文本框中输入在相应坐标轴方向的平移距离，这里分别在 X、Y、Z 文本框中输入 30mm、40mm、50mm，如图 4-134 所示。

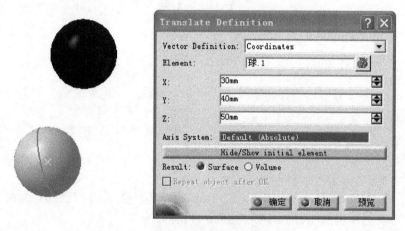

图 4-134　Coordinates 方式平移曲面

2. 旋转变换

旋转变换是把已存在的几何元素绕轴旋转一定的角度，形成新的几何元素。旋转变换的操作步骤如下：

(1)在 Operations 工具栏中单击 "Rotate"（旋转变换）按钮 ，系统弹出如图 4-135 所示的 Rotate Definition 对话框。

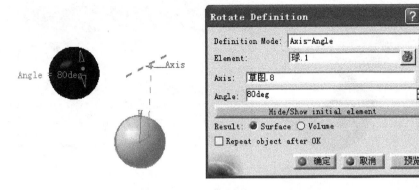

图 4-135　Rotate Definition 对话框

(2)在几何图形集中选择需要旋转的曲面【球.1】填入 Element 文本框中。

(3)设置旋转轴线。选择直线【草图.8】填入 Axis 文本框中。

(4)设置旋转角度。在 Angle 文本框中输入 80deg,结果如图 4-135 中左边所示。

3. 对称变换

对称变换的操作步骤如下:

(1)在 Operations 工具栏中单击"Symmetry"(对称变换)按钮 ,系统弹出如图 4-136 右边所示的对话框。

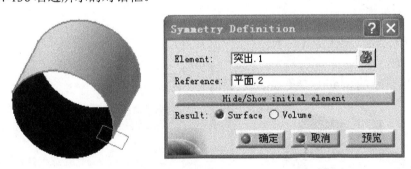

图 4-136　创建关于平面对称的元素

(2)在 Symmetry input 几何图形集中选择需要进行对称变换的曲面【突出.1】填入 Element 文本框中。

(3)设置参考元素。选择平面【平面.2】填入 Reference 文本框中作为对称面,结果如图 4-136 左边所示。

(4)可以选择直线或点作为参考元素。选择曲面【突出.1】的边线填入 Reference 文本框中作为参考元素,结果如图 4-137 所示,选择曲面【突出.1】的顶点填入 Reference 文本框中作为参考元素,结果如图 4-138 所示。

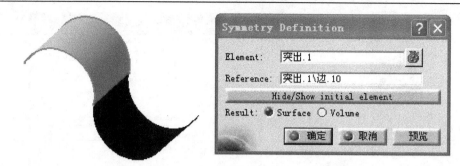

图 4-137　关于直线对称

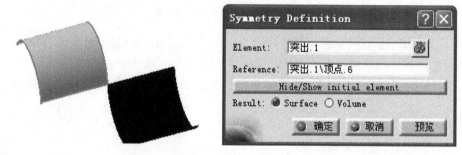

图 4-138　关于点对称

4. 放缩变换

放缩变换的操作步骤如下：

（1）在 Operations 工具栏中单击"Scaling"（放缩变换）按钮 ⚙，系统弹出如图 4-139 所示的 Scaling Definition 对话框。

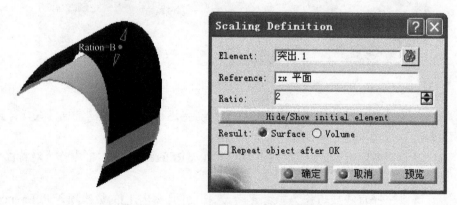

图 4-139　以平面为放缩参考元素

（2）选择需要放缩变换的元素填入 Element 文本框。在 Scaling input 几何图形集中选择曲面【突出.1】填入 Element 文本框。

(3)选择参考元素填入 Reference 文本框。这里选择平面【zx 平面】填入 Reference 文本框，表示曲面仅在 zx 平面的方向上放缩。设置放缩比例，在 Ratio 文本框中输入 2，结果如图 4-139 所示。

(4)如果选择一点作为参考元素，表示曲面在 X、Y、Z 三个方向是同时放缩，结果如图 4-140 所示。

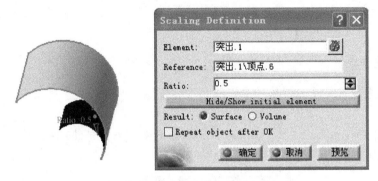

图 4-140　以点为放缩元素

5. 类似变换

类似变换通过先指定的局部坐标系，并在相应的局部坐标系上指定相应的放缩系数。类似变换的操作步骤如下：

(1)在 Operations 工具栏中单击"Affinity"按钮(类似变换)，系统弹出如图 4-141 所示的 Affinity Definition 对话框。

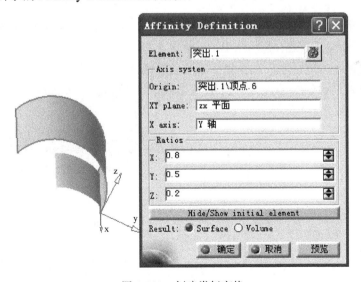

图 4-141　创建类似变换

(2)选择相应变换的元素填入 Element 文本框，可以多选。在 Affinity 几何图形集中选择曲面【突出.1】填入 Element 文本框。

(3)设置局部坐标系。选择曲面【突出.1】的顶点填入 Origin 文本框中，作为坐标原点；选择平面【zx 平面】填入 XY plane 文本框中，作为局部坐标系的 *XY* 平面；选择【Y 轴】作为局部坐标系的 *X* 轴。

(4)设置放缩比例。在 Ratios 选项区域下的 X、Y、Z 文本框中分别输入 0.8、0.5、0.2，结果如图 4-141 所示。

6. 坐标系变换

坐标系变换是将元素从一个坐标系平移到另一个坐标系。坐标系变换的操作步骤如下：

(1)在 Operations 工具栏中单击"Axis to axis"(外插延伸)按钮，系统弹出如图 4-142 所示的 Axis to Axis Definition 对话框。

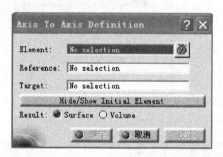

图 4-142　Axis to Axis Definition 对话框

(2)选择相应的元素填入 Element 文本框中，可以多选。在 Axis to axis 几何图形集中选择曲面【突出.1】填入 Element 文本框。

(3)设置参考坐标系。选择坐标系【轴系统.2】填入 Reference 文本框。

(4)设置目标坐标系。选择坐标系【轴系统.1】填入 Target 文本框，结果如图 4-143 所示。

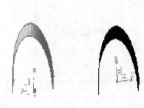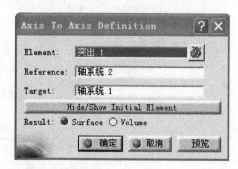

图 4-143　坐标系变换

(5) 如果需要创建坐标系,单击 插入(I) / 轴系统 命令,弹出如图 4-144 所示的对话框。

图 4-144　创建坐标系

(6) 设置坐标原点。选择点【点.1】填入源文本框。

(7) 设置坐标系的 x、y、z 轴,选择【草图.5】的一边作为 x 轴,另一边作为 y 轴;单击 反转 按钮可以反向;选择 当前　左手坐标系 复选框,表示为左手法则确定坐标系,结果如图 4-144 所示。

4.4.10　外插延伸

外插延伸是通过曲面、曲线的边界把曲面或曲线向外进行插值延伸。外插元素的操作步骤如下:

(1) 在 Operations 工具栏中单击 "Extrapolate"(外插延伸)按钮 ,系统弹出如图 4-145 所示的 Extrapolate Definition 对话框。选择曲面【曲面.1】的边线填入 Boundary 文本框。选择需要外插延伸的曲面【曲面.1】填入 Extrapolated 文本框。选择定义外插延伸长度的方式,在 Type 下拉列表框中有两个选项:Length 选项表示需要在 Length 文本框中输入长度值,在 Length 文本框中输入 5mm,结果如图 4-146 中左边所示;Up to element 选项表示指定一个元素填入 Up to 文本框中作为延伸边界,选择平面【平面.1】填入 Up to 文本框中,如图 4-146 所示。

(2) 设置延伸曲面的连续方式。在 Continuity 下拉列表框中有两个选项:Tangent 选项表示相切连续,如图 4-147 所示;Curvature 选项表示曲率连续,如图 4-148 所示。

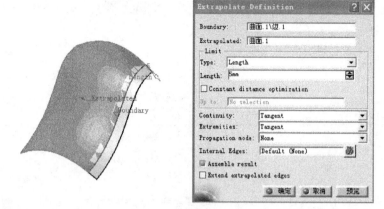

图 4-145　"Length"方式外插延伸

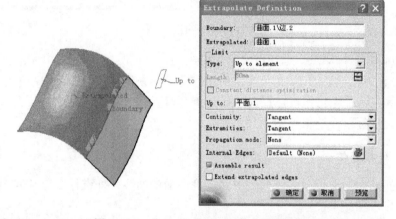

图 4-146　"Up to element"方式外插延伸

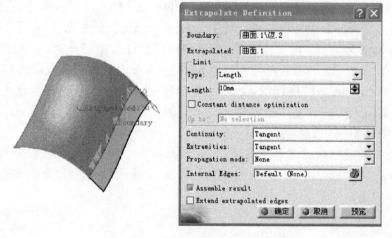

图 4-147　"Tangent"方式外插延伸

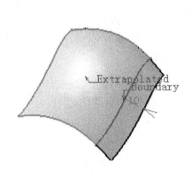

图 4-148　"Curvature"方式外插延伸

以同样方式进行曲线延伸，具体方法同曲面延伸，如图 4-149 所示。

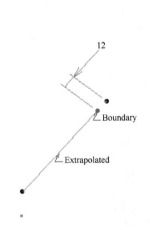
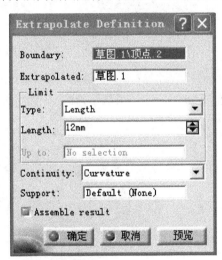

图 4-149　曲线的外插延伸

4.5　建立曲面基础特征

完成的曲面，可以生成实体特征。曲面既可以生成整个零件，也可以生成零件的局部特征。用曲面生成零件实体特征的方法有四种：用曲面分割实体、增厚曲面生成实体、将封闭曲面填充材料闭合成为实体以及缝合曲面到实体上。

4.5.1　用曲面分割实体

可以用曲面将实体分割为两部分，并删除其中的一部分，这样剩余的部分将依照曲面的外形。当零件的外形较复杂时，就可以用一个建立的曲面来分割实体，从而得到零件的局部复杂外形。分割命令的操作步骤如下。

(1)进入零件设计工作台，单击分割实体工具图标，显示分割实体对话框。

(2)选择需要分割实体的曲面，图中橘色的箭头指向要保留的部分，单击箭头可以翻转，选择保留实体的另一侧，如图 4-150 所示。

图 4-150　曲面分割实体特征

(3)单击"OK"按钮，实体被分割并保留选择的一侧。右击曲面，在快捷菜单中选择 Hide/Show(隐藏/显示)命令，隐藏曲面，如图 4-151 所示。

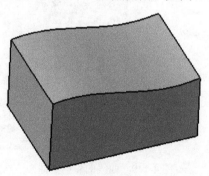

图 4-151　实体特征被分割后的保留结果

4.5.2　增厚曲面生成实体

增厚曲面就是为已建立的曲面施加一定厚度的材料成为实体，这样可以形成一个等厚度的薄壁实体。增厚曲面的操作步骤如下。

(1)在零件设计工作台单击增厚工具图标，显示增厚曲面对话框。

(2)选择要增厚的曲面，如图 4-152 所示。

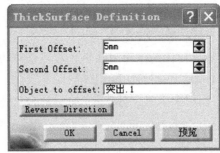

图 4-152 曲面的增厚操作

(3) 在对话框中输入曲面要增厚的厚度值，在 First Offset 文本框中键入沿橘色箭头方向的厚度值 5mm，在 Second Offset 文本框中键入厚度值 5mm，沿反向增厚，键入的值可以是负值。单击图中的橘色箭头或对话框中"Reverse Direction"按钮，可以翻转第一增厚的厚度方向。

(4) 单击"OK"按钮，即建立增厚曲面，完成后可以将原曲面隐藏。

曲面增厚时，增厚的厚度不能大于曲面在内凹处的最小曲率半径，否则会出错。

4.5.3 闭合曲面为实体

闭合曲面是将封闭的曲面内填充材料成为实体。闭合时单击闭合工具图标，打开 CloseSurface Definition 对话框，如图 4-153 所示。选择曲面，单击"OK"按钮，即完成操作，如图 4-154 所示。

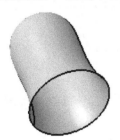
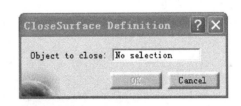

图 4-153 CloseSurface Definition 对话框

图 4-154 曲面闭合为实体结果

4.5.4　缝合曲面到实体上

如果零件实体的局部表面形状较复杂，可以在实体的表面建立一个曲面，在曲面与实体间填充材料生成实体的局部表面，称为缝合。缝合的操作步骤如下。

(1)单击缝合工具图标 ，显示缝合对话框，如图 4-155 中右边所示。

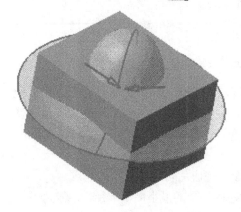
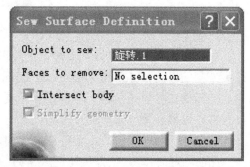

图 4-155　曲面缝合操作

(2)选择要缝合的曲面，图中的橘色箭头应指向实体，如图 4-155 中左边所示。

(3)在对话框中选择 Intersect body 复选框，会在曲面与实体之间的空隙填充材料，并把实体多余的部分分割删除。

(4)选择 Simplify geometry 复选框，即简化缝合后实体的结果，能合成一个表面的尽量合成一个表面。

(5)单击"OK"按钮，即建立缝合实体，结果如图 4-156 所示。

图 4-156　曲面缝合结果

4.6　常规曲面设计的管理

4.6.1　编辑修改线架和曲面

1. 编辑修改对象

要编辑或修改线架或曲面对象，常用的方法就是双击这个对象再重新定义。在 CATIA V5 中对编辑修改对象没有什么限制，无论在什么时候建立的对象都可以修改，并可以进行任何程度的修改。下面以修改一个拉伸曲面为例，说明线架或曲面对象的修改方法。

(1)选择一个平面，建立一个样条曲线草图，退出草图，建立如图 4-157 所示的拉伸曲面。

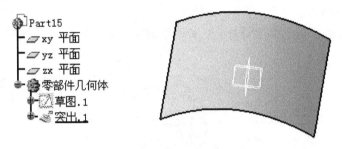

图 4-157　要编辑的曲面

(2)如果要修改拉伸曲面的拉伸尺寸或拉伸方向等参数，可在图中或树上双击；拉伸曲面，显示拉伸曲面对话框，在对话框中修改拉伸尺寸或方向等参数，如图 4-158 所示，修改完成后单击"OK"按钮，关闭对话框，曲面自动更新。

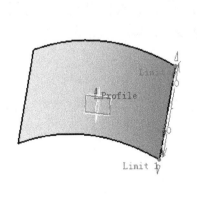

图 4-158　曲面的编辑操作

(3)如果要修改曲面的轮廓形状，可双击历程树上拉伸曲面的父对象草图 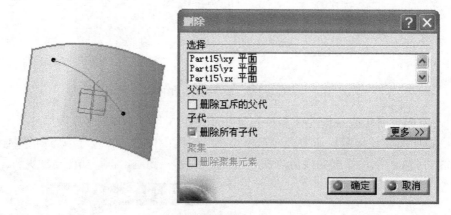草图.1，进入草图器修改草图，单击退出草图按钮后曲面自动更新。

2. 删除对象

在 CATIA V5 中，要删除选择的对象，有以下三种常有的方法：

(1)单击右键，在快捷菜单中选择 Delete 命令。

(2)按键盘上的 Delete 键(编辑)。

(3)选择下拉菜单命令 Edit(编辑)→Delete(删除)。

在 Delete(删除)对话框中可以选择以下选项：

(1)删除上层父对象。

(2)删除全部子对象。

(3)删除相应的聚集元素，如建立的线的端点、混合设计(Hybrid design)中布尔运算的实体等。

单击"确定"按钮，确认删除；若不想删除，则单击"取消"按钮，如图 4-159 所示。

图 4-159 删除操作对话框

4.6.2 使用辅助工具

在线架与曲面工作台中可以使用一些辅助工具，用这些工具可以帮助用户更快速地建立线架或曲面对象，也可以得到一些特殊的对象。这些命令在 Tools(工具)工具栏中可以找到。

1. 更新对象

当完成一个对象的设计或修改一个对象后，都需要更新来重构系统的数据库，当单击"Preview"（预览）按钮、"OK"按钮，以及完成修改时，系统会自动更新。

2. 建立用户坐标系

在 CATIA V5 中工作时，大多是以对象间的相对位置关系来确定它们的尺寸或位置的，通常不需要建立局部坐标系。如果需要时，也可以建立用户坐标系。建立用户坐标系的方法比较灵活和方便，可以利用当前坐标系变换后得到新的坐标系，也可以通过已有的对象来定义新的坐标系。建立局部坐标系的方法如下：

(1)单击坐标系工具图标 ，显示建立坐标系对话框。

(2)在对话框中可以选择定义坐标系的三种方法（Axis system type）。

①Standard。标准方式，定义原点和 X、Y、Z 的方向。

②Axis Rotation。绕坐标轴旋转方式，定义一个原点、一个坐标轴方向、选择一个参考对象(线或面)和一个旋转角度。

③选择标准方式，要先选择一个原点，或在 Origin 选择框中单击右键，选择 Coordinates，即按当前坐标系定义新原点。

(3)选择 X 轴、Y 轴、Z 轴中的两个方向。

(4)选择 Reverse 复选框，可翻转坐标轴方向；选择 Current 复选框，可使建立的坐标系作为当前的坐标系；单击"更多…"按钮，展开对话框，可以利用坐标分量来定义原点和各坐标轴，如图 4-160 所示。

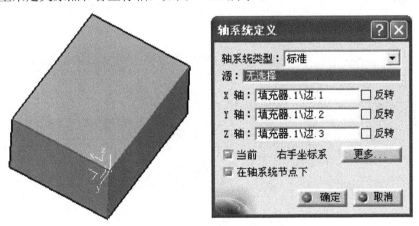

图 4-160　建立局部坐标系对话框

3. 在支持面上工作

在线架或曲面工作台可以选择一个平面或一个曲面来作为支持面，并在这个面上选择点建立新的对象。如果选择一个平面作为支持面，还可以显示并捕捉栅格。在支持面上工作的方法如下：

（1）单击支持面工具图标 ▦ ，显示定义支持面对话框。

（2）选择支持面有如下两种情况。

① 如果选择一个平面作为支持面，在对话框中可以定义原点的位置和栅格的密度，如图 4-161 所示。

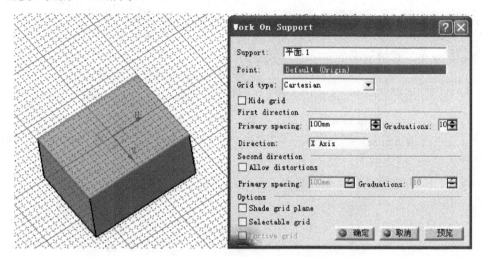

图 4-161　在平面上建立支持面对话框

② 如果选择一个曲面作为支持面，可以定义一个原点，并默认原点是曲面的中心，如图 4-162 所示。

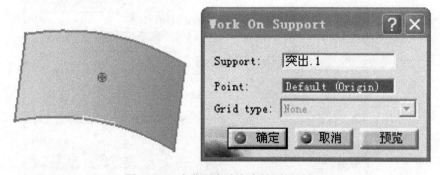

图 4-162　在曲面上建立支持面对话框

（3）定义曲面支持面时，只要选择支持面，再选择一个原点即可，也可以使用默认的原点（曲面的中心）。

（4）单击"确定"按钮，即建立支持面。在树上显示支持面标记，用工具图标 ▦ 转换是否在支持面上操作，用工具图标 ▦ 打开或关闭栅格捕捉。

4. 建立基准特征

基准特征，就是建立的特征与其父对象脱离链接关系，使其成为孤立的特征。因此，这个特征就不能修改。建立基准特征的操作步骤如下：

(1)单击基准特征工具图标 ，建立的下一个曲面是基准特征，如果要建立多个基准特征，可以双击 工具图标。

(2)选择要拉伸的草图轮廓，单击拉伸曲面工具图标 ，定义拉伸曲面参数。

(3)单击"OK"按钮，建立拉伸曲面。这时，树上显示默认名为 Surface.x，并有" "标记，曲面是一个孤立的特征，与其父对象草图轮廓断开链接关系。

(4)修改或删除草图轮廓，曲面不发生变化。

5. 保留模式和非保留模式

当用连接、修改和分解等编辑命令时，系统默认建立一个新的对象，隐藏原来的对象，这种模式称为非保留模式；也可以在编辑修改后不隐藏对象，称为保留模式。如果使用保留模式，在编辑修改前单击保留模式工具图标 即可。

第5章 自由曲面设计

自由曲面设计模块(Free Style)可以创建比创成式曲面设计模块(GSD)更为复杂的多曲面外型的变形设计,该模块提供了大量的曲线和曲面诊断工具,能够实时进行质量检查,设计人员可以对多曲面进行整体修改,并保持每个曲面的设计品质。本章主要介绍自由曲面、自由曲线以及自由曲面和自由曲线的编辑操作。

5.1 CATIA 的自由造型单元简介

进入自由曲面设计模块的步骤如下:

(1)单击**开始**菜单,弹出如图 5-1 所示的下拉菜单,将鼠标移至 形状 图标,弹出如图 5-1 所示菜单,单击 图标,即进入创成式曲面设计模块界面,如图 5-2 所示。

(2)在自由曲面设计中常用的工具栏主要有自由曲线创建工具栏、自由曲面设计工具栏、编辑操作工具栏、外形分析工具栏和外形修改工具栏,下面对各个工具栏做简单介绍。

①自由曲线创建工具栏(Curve Creation)。该工具栏提供了多种建立和编辑曲线的方法,包括空间曲线、曲面上曲线、投影曲线、桥接曲线、圆角造型和匹配曲线,如图 5-3 所示。

②自由曲面设计工具栏(Surface Creation)。该工具栏提供了多种比创成式曲面设计模块更为自由的建立曲面的方法,建立的曲面不可以进行参数编辑,如图 5-4 所示。

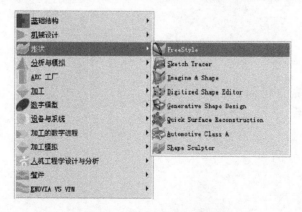

图 5-1 "开始/形状"菜单

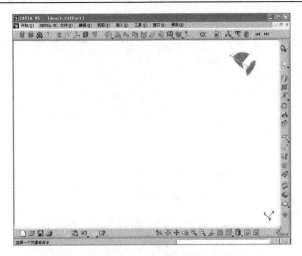

图 5-2　"自由曲面设计模块界面"菜单

图 5-3　自由曲线创建工具栏

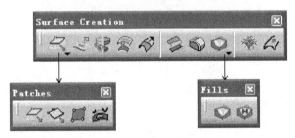

图 5-4　自由曲面设计工具栏

③编辑操作工具栏（Operations）。该工具栏提供了多种对生成曲线和曲面进行编辑的辅助工具，如图 5-5 所示。

图 5-5　编辑操作工具栏

④外形分析工具栏（Shape Analysis）。该工具栏具有曲线和曲面的分析功能，能够分析曲线和曲面是否达到设计要求，如图 5-6 所示。

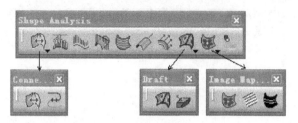

图 5-6　外形分析工具栏

⑤外形修改工具栏（Shape Modification）。该工具栏提供了几种对创建的曲面进行修改的工具，使曲面可以按照设计意图进行多样化造型，如图 5-7 所示。

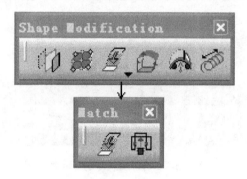

图 5-7　外形修改工具栏

5.2　创　建　曲　线

5.2.1　创建空间曲线

创建空间样条线是通过空间的一系列的点或者利用指南针指定平面进行创建。创建空间曲线的操作步骤如下：

（1）在 Curve Creation 工具栏中单击"3D curve"（空间曲线）按钮 ，系统弹出如图 5-8 所示的 3D curve 对话框。

（2）在 Creation type 下拉列表框中选择一种建立曲线的方式。其中，Through points 方式，是选择曲面【曲面.1】上的点作为曲线的通过点，如图 5-9（a）所示；Control points 方式，是选择曲面【曲面.1】上的点作为曲线的控制点，如图 5-9（b）所示；Near points 方式，是选择曲面【曲面.1】上的点作为曲线的近似点，并在 Deviation 文本框中输入空间曲线与所选的点之间的最大偏差为 0.001mm；在 Segmentation 文本框中设置曲线的段数为 1；在曲线的 N 字上右击，在弹出的菜单中设置曲线的阶数，如图 5-9（c）所示。

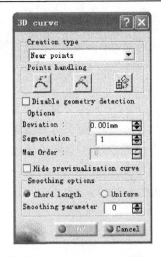

图 5-8 3D curve 对话框

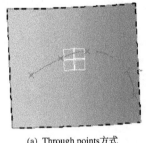

(a) Through points方式

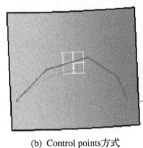

(b) Control points方式

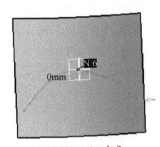

(c) Near points方式

图 5-9 创建空间曲线的不同方式

(3)在选择的点上右击,弹出如图 5-10 所示的快捷菜单。选择 Edit 命令,对当前的点进行编辑;选择 Keep this point 命令,生成当前的点;选择 Impose Tangency 命令,可以指定该点的斜率。在箭头上右击命令,如图 5-11 所示,可以编辑该点的斜率;选择 Impose Curvature 命令,同样可以编辑该点的曲率;选择 Remove this point 命令,移除选择的点;选择 Free this point 命令,约束选择的点。

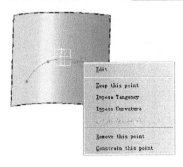

图 5-10 曲线控制点快捷菜单

图 5-11 编辑选择点的斜率

（4）在 Points handing 控制栏中，单击按钮，可以在曲线上增加一点；单击按钮，可以移去曲线上的一点；单击按钮，可以将曲线上的一点限制到其他点上。

5.2.2　在曲面上创建曲线

利用曲面上的曲线功能，可以在曲面上建立任意的曲线或者等参线。如果在创建曲面上的曲线时，选择的点不在曲面上，系统会自动以此点在曲面上的投影点作为曲线上的点。在曲面上创建曲线的操作步骤如下：

（1）在 Curve Creation 工具栏中单击"Curve On Surface"（在曲面上创建曲线）按钮，系统弹出如图 5-12 所示的对话框。

（2）选择曲线所在的曲面。

（3）在 Creation Type 下拉列表框中选择一种建立曲线的方式，具体有两种方式。

①Point by point 方式，即利用曲面上的若干点在曲面上创建线。在 Mode 下拉列表框中提供了三种建立曲线的控制方法。

With control points 选项表示选择的点作为曲线的控制点，如图 5-13 所示。

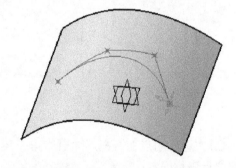

图 5-12　Options 对话框　　　　图 5-13　With control points 方式创建曲线

Near points 选项表示选择的点作为曲线的近似点，如图 5-14 所示。

Through points 选项表示选择的点作为曲线的通点，如图 5-15 所示。

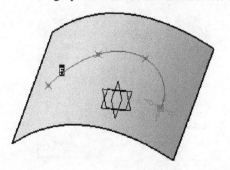
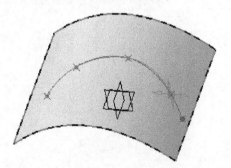

图 5-14　Near points 方式创建曲线　　　　图 5-15　Through points 方式创建曲线

②Isoparameter 方式：可以在曲面的 U、V 方向上生成等参线。Mode 下拉列表框中可提供如下两种创建等参线的方法。

Manual selection 选项表示需要指定一点确定等参线的位置。这里选择曲面上的点，单击鼠标左键，拖动箭头可以改变曲线的位置。在控制点上单击鼠标右键，弹出如图 5-16（a）所示的快捷菜单，选择 Edit 选项，弹出如图 5-16（b）所示的 Tuner 对话框，在对话框中调整曲线的位置；选择 Keep this point 选项，在当前位置生成点；选择 Invert Parameter 选项，可以切换曲线的 U、V 方向。

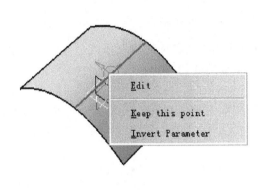

(a) 弹出快捷菜单　　　　　　　　(b) Tuner对话框

图 5-16　通过指定点创建等参线

Automatic selection 选项表示在曲面上生成的参线。在 U、V 文本框中可设置等参线的数目，这里在 U、V 文本框中分别输入 3，结果如图 5-17 所示。此时对话框如图 5-18 所示。

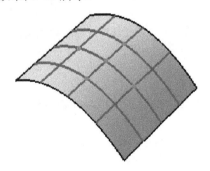

图 5-17　创建等间距的等参线　　　　　图 5-18　Options 对话框

5.2.3　曲线投影

曲线投影功能可以把曲线按照指定的方向投影到曲面上，生成新的曲线。曲线投影的操作步骤如下：

(1)在 Curve Creation 工具栏中单击"Project Curve"（曲线投影）按钮 ，系统弹出如图 5-19 所示的 Projection 对话框。

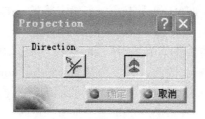

图 5-19　Projection 对话框

(2)选择需要投影的曲线（可以一次选择多条曲线进行投影），按住 Ctrl 键选择投影曲面。这里选择如图 5-20 所示的曲线作为投影曲线，选择如图 5-21 所示的曲面作为投影曲面。

单击 按钮，表示以曲面的法向作为投影方向，如图 5-20 所示。单击 按钮，表示以指南针方向作为投影方向，如图 5-21 所示。

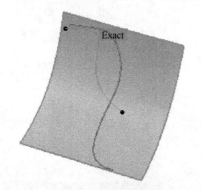

图 5-20　以曲面的法向作为投影方向　　　　图 5-21　以指南针方向作为投影方向

5.2.4　曲线桥接

通过曲线桥接功能可以把曲线按照不同的连接级别连接起来。曲线桥接的操作步骤如下：

(1)在 Curve Creation 工具栏中单击"Blend Curve"（曲线桥接）按钮 ，系统弹出如图 5-22 所示的 Blend Curve 对话框。

图 5-22　Blend Curve 对话框

(2) 选择需要连接的两条曲线。这里选择如图 5-23 所示的两条曲线 3D Curve.1 和 3D Curve.2。

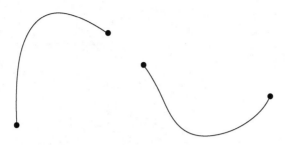

图 5-23　文件"Blend Curve.CATPart"

(3) 单击 按钮，显示当前曲线与原来曲线的连续性，如图 5-24 所示，单击连续性字体可以切换不同的连续性。

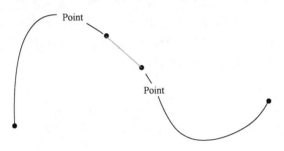

图 5-24　连续性的显示

(4) 单击 按钮，显示曲线的连接点，如图 5-25 所示，拖动箭头可以改变连接点的位置。

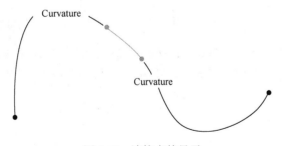

图 5-25　连接点的显示

(5) 单击 按钮，显示连接曲线的张力值和张力方向，如图 5-26 所示，单击鼠标左键拖动绿色箭头，可以改变张力值或在张力数值上右击，弹出如图 5-26 所示的快捷菜单，选择 Edit tension 命令，可以编辑张力的大小；选择 Invert direction 命令，可以改变张力的方向。

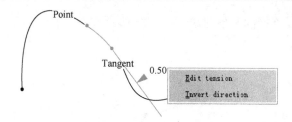

图 5-26　张力的编辑菜单

5.2.5　圆角造型

通过圆角造型功能可以在两条共面的曲线上建立圆角。创建圆角的操作步骤如下：

（1）在 Curve Creation 工具栏中单击"Style Corner"（曲线桥接）按钮，系统弹出如图 5-27 所示的 Styling Corner 对话框。

（2）选择需要倒角的两条曲线。这里选择如图 5-28 所示的两条曲线（两条曲线必须共面，否则不能创建圆角）。在 Radius 文本框中设置圆角半径，这里输入 20mm。单击"应用"按钮，可以"预览"圆角，如图 5-28 所示。有可能出现多解，单击鼠标左键，选择需要保留的解。

图 5-27　Styling Corner 对话框

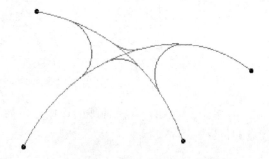

图 5-28　需要倒角的曲线

（3）在选项区域下：选中 Single Segment 复选框，表示生成的倒角只有一段，如图 5-29（a）所示；不选中 Single Segment 复选框的情况，如图 5-29（b）所示。

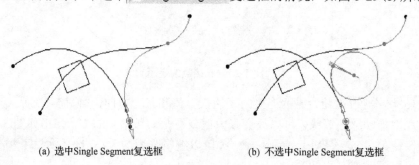

(a) 选中Single Segment复选框　　　　　　(b) 不选中Single Segment复选框

图 5-29　创建圆角

(4)选中 ⬤ Concatenation 单选按钮，表示以圆角曲线为边界剪切原来的曲线，并将它们合并起来形成一条曲线，如图 5-30 所示。

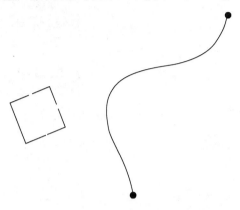

图 5-30　选中单选按钮 Concatenation 的效果

5.2.6　曲线匹配

通过曲线匹配功能可以将一条曲线与另一条曲线按某种连续性连接起来。曲线匹配的操作步骤如下。

(1)在 Curve Creation 工具栏中单击"Match Curve"(曲线匹配)按钮 ，系统弹出如图 5-31 所示的 Match Curve 对话框。

图 5-31　Match Curve 对话框

(2)选中 Project End Point 复选框，表示将第一条曲线的端点投影到第二条曲线上，并以此投影点作为与第二条曲线的连接点，如图 5-32 所示。

(3)选中 Quick Analysis 复选框，表示快速分析第一条曲线和第二条曲线初始连接点之间的距离，以及两条曲线之间的相切角度值和曲率误差值，如图 5-33 所示。

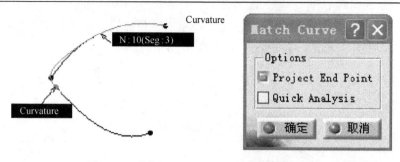

图 5-32　选中 Project End Point 复选框的效果

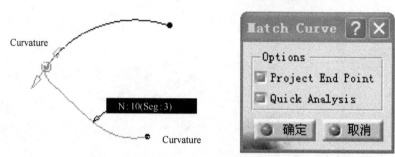

图 5-33　选中 Quick Analysis 复选框的效果

（4）在辅助工具栏中单击 按钮，显示当前曲线与原来曲线的连续性。在辅助工具栏中单击 按钮，显示连接曲线的连接点。在辅助工具栏中单击 按钮，显示连接曲线的张力值和张力方向。在辅助工具栏中单击 按钮，显示连接曲线变形后的阶数和段数。可以在空间中直接选择一点，作为第二个元素。

5.3　创　建　曲　面

5.3.1　缀面创建

通过缀面创建功能可以利用已知点来建立片面。缀面创建主要有两点缀面、三点缀面和四点缀面。

1）两点缀面

两点缀面的操作步骤如下：

（1）在 Surface Creation 工具栏中单击"Two Points"（两点缀面） 按钮。

（2）选择点 Point.1 作为曲面的起点，选择点 Point.2 作为曲面的对角点，在空间直接单击作为曲面两点，如图 5-34 所示。

图 5-34　创建两点缀面

　　（3）在 Generic Tools 工具栏中单击 ⚓ 按钮，弹出 Quick compass orientation 工具栏，在其中设置两点缀面所在的平面。

　　①单击 🔲 按钮，表示以 xy 平面作为指南针的优先平面，即 xy 平面作为缀面的所在平面，如图 5-35 所示。

　　②单击 🔲 按钮，表示以 yz 平面作为指南针的优先平面，即 yz 平面作为缀面的所在平面，如图 5-36 所示。

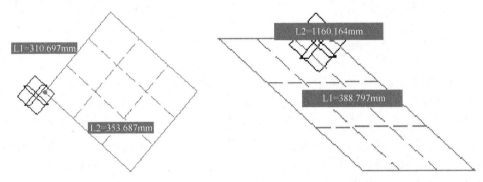

图 5-35　以 xy 平面作为所在
平面生成缀面

图 5-36　以 yz 平面作为所在
平面生成缀面

　　③单击 🔲 按钮，表示以 xz 平面作为指南针的优先平面，即 xz 平面作为缀面的所在平面，如图 5-37 所示。

　　④单击 🔲 按钮，表示以当前屏幕的视角平面作为缀面的所在平面，如图 5-38 所示。

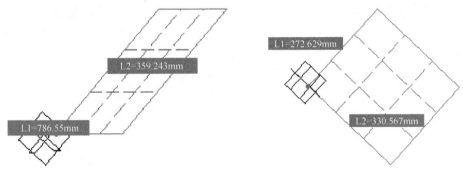

图 5-37　以 xz 平面作为所在
平面生成缀面

图 5-38　以当前屏幕的视角平面作为
缀面的所在平面

　　（4）单击鼠标右键，弹出如图 5-39 所示的快捷菜单。选择 Edit Orders 命令，弹出如图 5-40 所示的 Orders 对话框，设置曲面在 U、V 方向的阶数；选择 Edit Dimensions 选项，弹出如图 5-41 所示的 Dimensions 对话框，设置曲面在 U、V 方向的尺寸。

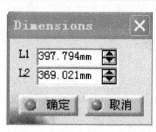

图 5-39 弹出菜单   图 5-40 Orders 对话框   图 5-41 Dimensions 对话框

2）三点缀面

三点缀面的操作步骤如下：

（1）在 Surface Creation 工具栏中单击"Three Points"（三点缀面）按钮。

（2）依次选择点 Point.1、点 Point.3 和点 Point.2，如图 5-42 所示，创建的曲面在这三点所在的平面内。如果三点实际不存在，只是通过鼠标单击创建的点，那么实际情况与"两点缀面"相同。如果三点中有一点或两点是通过单击鼠标创建的点，那么生成的曲面是在与指南针指定平面平行的平面上。三点缀面也可以编辑阶数和尺寸，方法与"两点缀面"相同。

3）四点缀面

四点缀面的操作步骤如下：

在 Surface Creation 工具栏中单击"Four Points"（四点缀面）按钮。依次选择点 Point.1、点 Point.3、点 Point.2 和点 Point.4，结果如图 5-43 所示。四点缀面同样可以编辑曲面的阶数，方法与"两点缀面"相同。

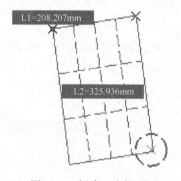

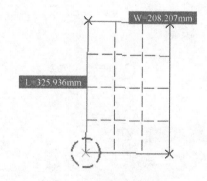

图 5-42 创建三点缀面   图 5-43 创建四点缀面

4）提取曲面片

提取曲面片的操作步骤如下：

在 Surface Creation 工具栏中单击"Geometry Extraction"（提取曲面片）按钮。选择平台上的曲面作为提取曲面片的基础。在曲面上选择一点作为提取曲面片的起点，再选择一点作为对角点，提取出来的曲面片如图 5-44 所示。

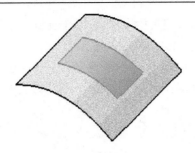

图 5-44　提取曲面片

5.3.2　拉伸曲面

拉伸曲面的方法与 GSD 模块中不同的是生成的曲面没有关联性,不可以进行参数编辑。拉伸曲面的操作步骤如下:

(1)在 Surface Creation 工具栏中单击"Extrude"(拉伸曲面)按钮 ，系统弹出如图 5-45 所示的 Extrude Surface 对话框。

(2)选择平台上的曲线作为拉伸曲线。单击 按钮,表示以拉伸曲面的切面的法向作为拉伸方向, 如图 5-46 所示。单击 按钮,表示以指南针的方向作为拉伸方向,这里将指南针方向拖到直线 Line.1 上,如图 5-47 所示。选中 Display Corners 复选框,可以在曲面的两个端点显示拉伸曲面的控制点。

图 5-45　Extrude Surface 对话框

图 5-46　拉伸曲面的切面的法向
　　　　　作为拉伸方向

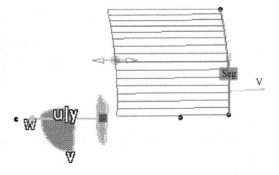

图 5-47　指南针的方向作为
　　　　　拉伸方向

5.3.3　偏置曲面

偏置曲面的操作步骤如下:

(1)在 Surface Creation 工具栏中单击"Offset Surface"（偏置曲面）按钮，系统弹出如图 5-48 所示的 Offset Surface 对话框。

(2)选择需要编辑的曲面，可以一次选择多个曲面进行偏置，它们的偏置距离相等。按住鼠标左键拖动偏置曲面的控制点，可以改变偏置距离，如图 5-49 所示。

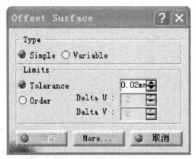

图 5-48　Offset Surface 对话框　　　　图 5-49　曲面偏置

(3)在 Type 选项区域下设置曲面偏置的方式。

以 Simple 方式选中 Simple 单选按钮，表示以均匀的方式偏置整张曲面。

以 Variable 方式选中 Variable 单选按钮，表示非均匀偏置，可以分别对四个顶点和控制点的偏置距离进行调整，结果如图 5-50 所示。

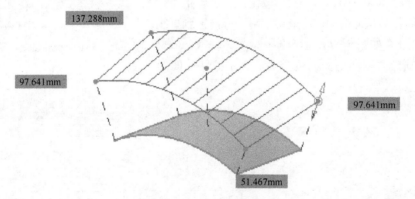

图 5-50　非均匀偏置

(4)选中 Limits 选项下的 Tolerance 单选按钮，在其后的文本框中设置偏置曲面的精度。

(5)选中 Limits 选项下的 Order 单选按钮，在其后的 Delta U、Delta V 文本框中设置偏置曲面与基础曲面之间的阶数的差值。

(6)单击 More... 按钮，选中 Display 选项区域下的 Offset values 复选框，可以显示偏置曲面的距离。

(7)选中 Display 选项区域下的 Order 复选框，可以显示偏置曲面的阶数。

(8)选中 Display 选项区域下的 ☑ Normals 复选框,可以显示曲面在控制点处的法向方向，单击箭头可以改变偏置的方向。

(9)选中 Display 选项区域下的 ☑ Tolerance 复选框,可以显示偏置曲面的误差。

(10)选中 Display 选项区域下的 ☑ Corners 复选框,可以显示偏置曲面的四个控制点。

5.3.4　外插造型

通过外插造型功能可以将曲线和曲面按某种连续性向外延伸。外插造型的操作步骤如下:

(1)在 Surface Creation 工具栏中单击"Extrapolation"(外插造型)按钮 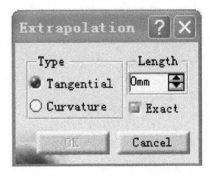,系统弹出如图 5-51 所示的 Extrapolation 对话框。

(2)选择需要延伸的曲面的边线。

(3)在 Type 选项区域下有两种选择延伸的类型。

①Tangential 方式。选中 ◉ Tangential 单选按钮,延伸的曲面与原来的曲面相切连续,如图 5-52(a)所示。

②Curvature 方式。选中 ○ Curvature 单选按钮,延伸的曲面与原来的曲面曲率连续,如图 5-52(b)所示。

图 5-51　Extrapolation 对话框

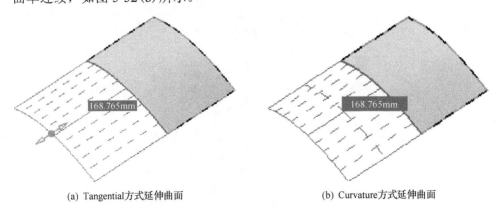

(a) Tangential方式延伸曲面　　　　　　　(b) Curvature方式延伸曲面

图 5-52　延伸曲面

(4)拖动延伸的控制点可以改变延伸的长度,或者在 Length 文本框中设置延伸的长度。

(5)选中 ☑ Exact 复选框,表示延伸的曲面与原来的曲面在边线方向上有相同的阶数，不选中 <u>▣ Exact</u> 复选框，则相反时，也有可能无法建立外插造型曲面。

（6）对曲线进行外插延伸时，曲线只能进行相切连续的延伸。

5.3.5　桥接曲面

通过桥接曲面功能可以用一个曲面将曲面或曲线按某种连续性连接起来。桥接曲面的操作步骤如下：

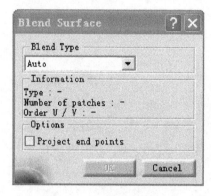

图 5-53　Blend Surface 对话框

（1）在 Surface Creation 工具栏中，单击"Blend Surface"（桥接曲面）按钮 ，系统弹出如图 5-53 所示的 Blend Surface 对话框。

（2）选择需要桥接的曲面的边线。这里选择曲线 Surface.1 的边线和曲线 Surface.2 的边线。

（3）在 Blend Type 下拉列表框中有以下三种桥接方式。

①自动方式（Auto）：在 Blend Type 下拉列表框中选择 Auto 选项，表示系统自动选择适合的桥接方式。

②解析几何法（Analytic）：在 Blend Type 下拉列表框中选择 Analytic 选项，如图 5-54 所示。此时，在 Information 选项中列出了桥接曲面的信息。

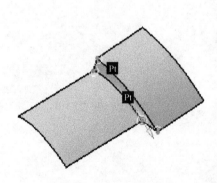

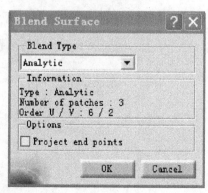

图 5-54　解析几何法

③近似方式（Approximated）：在 Blend Type 下拉列表框中选择 Approximated 选项，如图 5-55 所示。

（4）在 Options 选项区域下选中 <u>▣ Project end points</u> 复选框，表示将较短一条线的端点投影到另一条线上，并以此投影点作为该边线的端点，如图 5-56 所示。

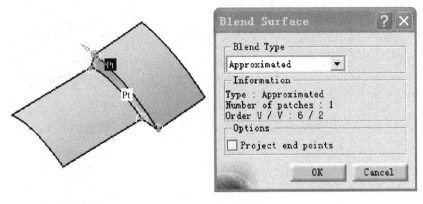

图 5-55　近似方式

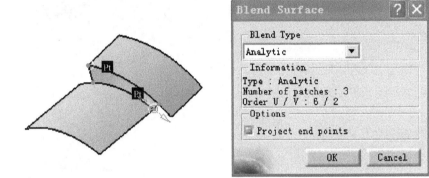

图 5-56　选中 Project end points 复选框

(5)在 FreeStyle Dashboard 工具栏中单击 按钮，显示桥接曲面与原来两曲面之间的连续性，在连续性字体上单击鼠标右键，弹出如图 5-57 所示的快捷菜单，选中需要的连续性。

①Point continuity 命令表示点连续。

②Tangent continuity 命令表示相切连续。

③Proportional 命令表示比例连续，即桥接曲面与原来两曲面不但具有相切连续，系统还自动调节桥接曲面的控制点分布，使曲面更加光滑。

④Curvature continuity 命令表示曲率连续。

(6)在 FreeStyle Dashboard 工具栏中单击按钮，显示桥接曲面的控制点，按住鼠标左键拖动控制点可以改变桥接曲面的边界大小，如图 5-58 所示。

(7)在 FreeStyle Dashboard 工具栏中单击 按钮，显示桥接曲面的张力情况，如 5-59 所示。拖动张力值所指的箭头或单击鼠标右键选择 Edit tension 命令，可以改变张力的大小，如果选择 Invert direction 命令可以改变张力的方向。

(8)在 FreeStyle Dashboard 工具栏中单击 按钮，显示桥接曲面的控制网格，如图 5-60 所示。

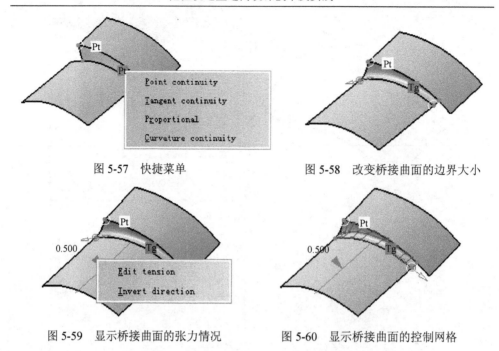

图 5-57　快捷菜单　　　　　　　　　　图 5-58　改变桥接曲面的边界大小

图 5-59　显示桥接曲面的张力情况　　　　图 5-60　显示桥接曲面的控制网格

5.3.6　圆角曲面

通过圆角曲面功能可以在两个曲面之间建立 G0～G2 连续的圆角曲面。圆角曲面的操作步骤如下：

（1）在 Surface Creation 工具栏中单击"ACA Fillet"（圆角曲面）按钮，系统弹出如图 5-61 所示的 Fillet 对话框。

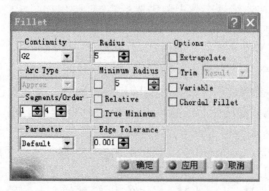

图 5-61　Fillet 对话框

（2）选择需要倒圆角的两个曲面，注意两个曲面圆角的方向。

在 Continuity 下拉列表框中选择一种圆角使曲面和原来的曲面具有以下几种连续方式。

①G0 连续，表示圆角曲面与原来的曲面之间是点连续，如图 5-62 所示。
②G1 连续，表示圆角曲面与原来的曲面之间是相切连续，如图 5-63 所示。

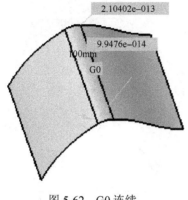

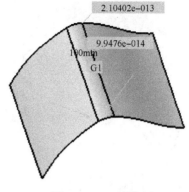

图 5-62　G0 连续　　　　　　　　　图 5-63　G1 连续

③G2 连续，表示圆角曲面与原来的曲面之间是曲率连续，如图 5-64 所示。

（3）在 Radius 文本框中设置圆角半径。在 Segments/Order 文本框中，设置圆角曲面的段数和阶数。

（4）在 Parameter 下拉列表框中，圆角曲面的控制网格的方式包括以下几种。

①Path 1 方式，表示按第一个曲面的控制网格建立圆角曲面的控制网格。

②Patch 2 方式，表示按第二个曲面的控制网格建立圆角曲面的控制网格。

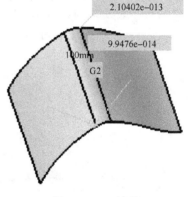

图 5-64　G2 连续

③Average 方式，表示平均考虑两个曲面的控制网格的情况，来生成圆角曲面的控制网格。

④Blend 方式，表示按照两个控制网格的对应的控制点，形成圆角曲面的控制网格。

⑤Chordal 方式，表示不考虑两曲面的控制网格，形成新的圆角曲面的控制网格。

⑥Default 方式，表示系统自动生成最理想的控制网格。

（5）选中 Extrapolate 复选框，可以在两曲面之间创建最大范围的圆角曲面。

（6）选中 Trim 复选框，在其后的下拉列表框中选择一种裁剪方式。

①Result 方式，表示对圆角曲面的边界进行裁剪，使圆角曲面与原来的曲面边界光滑过渡，如图 5-65 所示。

②Base 方式，表示以圆角曲面为边界进行裁剪，使圆角曲面与原先的曲面边界光滑过渡，如图 5-66 所示。

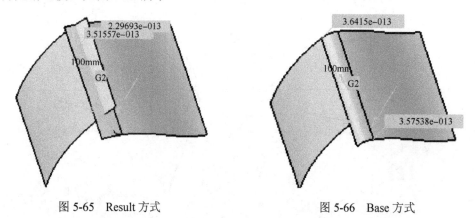

图 5-65　Result 方式　　　　　　　　图 5-66　Base 方式

③All 方式，表示综合两种以上方式对曲面进行裁剪，如图 5-67 所示。

(7)选中 Chordal Fillet 复选框，表示圆角曲面的弦长代替圆角半径来设置圆角曲面参数，如图 5-68 所示。

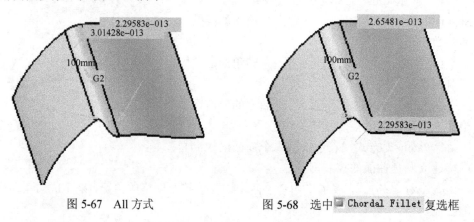

图 5-67　All 方式　　　　　　　图 5-68　选中 Chordal Fillet 复选框

5.3.7　填充曲面

自由曲面设计中有两种曲面填充方法：第一种是无关联的填充曲面；第二种是有关联的填充曲面。无关联的填充曲面的操作步骤如下：

(1)在 Surface Creation 工具栏中单击 "Fill"（无关联的填充曲面）按钮 ◇，弹出如图 5-69 所示的 Fill 对话框。

(2)选择如图 5-70 所示的三个曲面的边线作为填充曲面的边界。

(3)在连续性字体上单击鼠标右键，弹出如图 5-71 所示的菜单，选中不同的连续性。

图 5-69　Fill 对话框

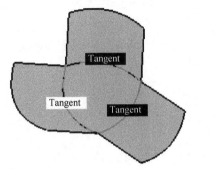

图 5-70　无关联填充曲面

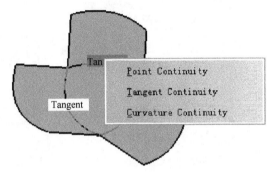

图 5-71　弹出菜单

（4）填充曲面的面片的共同交点是填充曲面的控制点，单击![](按钮，可以在填充曲面的法向拖动控制点，如图 5-72 所示；单击![](按钮，可以在填充曲面的内部移动控制点，如图 5-73 所示。

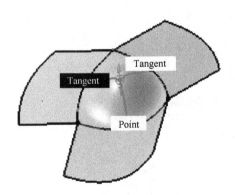

图 5-72　法向拖动控制点

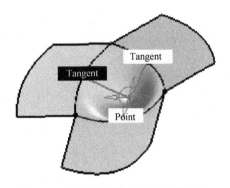

图 5-73　填充曲面的内部移动控制点

（5）如果选择四条曲面边线作为补充边界，将没有控制点，如图 5-74 所示。

（6）如果只选择两条曲面边线作为填充曲面的边界，单击"应用"按钮，如图 5-75 所示。同样，也可以选择曲线作为填充曲面的边界。

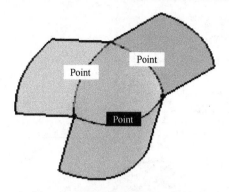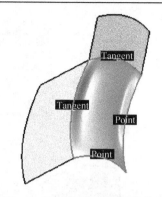

图 5-74　选择四条曲面边线作为　　　　图 5-75　选择两条曲面边线作为
　　　　　补充边界　　　　　　　　　　　　　　补充边界

5.3.8　有关联的填充曲面

有关联的填充曲面的操作步骤如下：

（1）在 Surface Creation 工具栏中单击"Style Fill"（有关联的填充曲面）按钮 🅗，
弹出如图 5-76 所示的 Fill 对话框。

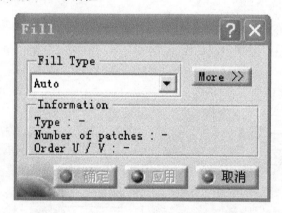

图 5-76　Fill 对话框

（2）选择平台上三个曲面的边线作为填充曲面的边界。

（3）在 Fill Type 下拉列表框中有以下三种填补曲面的方法。

①Analytic 方式，按照解析的方式，在封闭的边界上建立填充曲面，这种方
法只可以用于创建和边界曲面点连续或相切连续的曲面。单击 More >> 按钮，在
展开的对话框中选中 ☐ Constrained 复选框，可以参照无关联填充曲面的方法来调
节控制点的位置，如图 5-77 所示。

②Power 方式，可以创建与边界曲面点连续、相切连续、曲率连续的填充曲
面，在连续性字体上单击鼠标右键可以切换连续性，如图 5-78 所示。

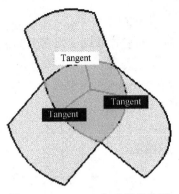
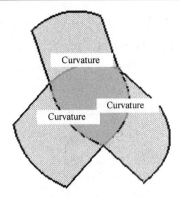

图 5-77　Analytic 方式填充曲面　　　　　图 5-78　Power 方式填充曲面

③Auto 方式，即系统自动选择最佳的填充方法。

在 FreeStyle Dashboard 工具栏中单击 ▦ 按钮，可以显示填充曲面的控制网格。选中 ⦿ Tolerance 单选按钮，在 Tolerance 文本框中设置填充的允许误差，数值越小填充越精确。选中 ⦿ Parameters 单选按钮，在 Max order U 和 Max order V 文本框中设置填充曲面在 U、V 方向的最大阶数，在 U Patches 和 V Patches 文本框中设置填充面在 U、V 方向上的曲面片数。

5.3.9　网状曲面

通过网状曲面功能可以选择一组曲线或曲面边线，另外一组曲线或曲面边线作为轮廓线，建立网状曲面。网状曲面的操作步骤如下。

(1)在 Surface Creation 工具栏中单击"Net Surface"（网状曲面）按钮，系统弹出如图 5-79 所示的 Net Surface 对话框。

(2)在对话框中单击"guides"字样，此字样边为红色，再按住 Ctrl 键，选择一组曲线作为引导线。在对话框中单击"profiles"字样，此字样边为红色，再按住 Ctrl 键，选择一组曲线作为轮廓线。其中标志"guide(d)"字样和"profile(d)"字样的曲线，表示其在该组曲线中起主导作用。单击"应用"按钮，创建网状曲面，结果如图 5-80 所示。

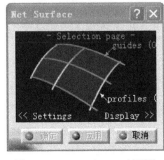
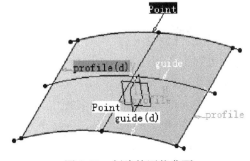

图 5-79　Net Surface 对话框　　　　　　图 5-80　创建的网状曲面

（3）在对话框中单击"<<Settings"字样，切换到"Settings page"。单击"Copy（d）mesh on surface"字样，可以将主导曲面的参数复制到网状曲面上，如图5-81所示。

（4）在对话框中单击"Selection>>"字样，切换到"Selection page"。单击"Moving frame"字样，可以显示轮廓线的定义坐标，如图5-82所示。

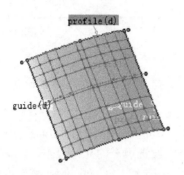
图5-81　单击"Copy（d）mesh on surface"字样

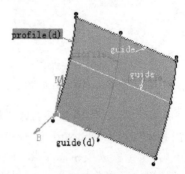
图5-82　显示轮廓线的定义坐标

（5）可以只选择引导线来创建网状曲面（图5-83），也可以只选择轮廓线来创建网状曲面（图5-84）。

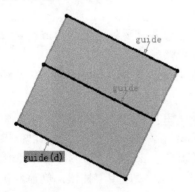
图5-83　只选择引导线来创建网状曲面

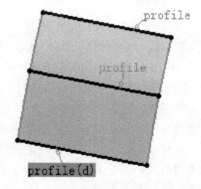
图5-84　只选择轮廓线来创建网状曲面

5.3.10　扫掠面

通过扫掠面功能可以利用截面线、脊线、导引线来创建扫掠面。创建扫掠面的操作步骤如下：

（1）在Surface Creation工具栏中单击"Styling Sweep"（扫掠面）按钮，系统弹出如图5-85所示的Styling Sweep对话框。

图 5-85 Styling Sweep 对话框

(2)选择扫掠方式。扫掠方式有以下几种。

①单击![按钮] 按钮，选择"Simple sweep"方式，需要选择一条曲线作为截面线，再指定一条曲线作为脊线，单击"应用"按钮，创建扫掠面，如图 5-86 所示。

图 5-86 Simple sweep 方式扫掠面

②单击![按钮] 按钮，选择"Sweep and snap"方式，需要选择截面线、脊线和引导线，单击"应用"按钮，创建扫掠面，如图 5-87 所示。

③单击![按钮] 按钮，选择"Sweep and fit"方式，其扫掠方式与"Sweep and snap"方式相同，只是在扫掠过程中，截面线的形状随着脊线和导引线的距离而变化，如图 5-88 所示。

④单击![按钮] 按钮，选择"Sweep near fit"方式，指定一条主截面线、一条脊线、一条导引线和多条参考截面线，如图 5-89 所示。生成的扫掠面不一定都通过参考截面线，但在脊线与导引线相交的地方与扫掠面相切。

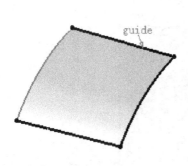

图 5-87　Sweep and snap 方式扫掠面

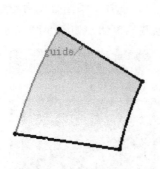

图 5-88　Sweep and fit 方式扫掠面

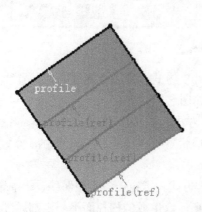

图 5-89　Sweep near fit 方式扫掠面

5.4　曲面和曲面的编辑操作

5.4.1　对称

通过对称变换功能可以将几何元素关于某参考元素对称变换。对称的操作步骤如下：

（1）在 Shape Modification 工具栏中单击"Symmetry"（对称）按钮 ，选择需要对称变换的元素填入 Element 文本框中，单击其后的 按钮，可以一次选择多个元素，这里选择平台上的曲面【曲面.1】。

（2）设置参考元素，选择平面【xy 平面】填入 Reference 文本框中，作为参考元素，结果如图 5-90 所示。除此之外，也可以选择边线或点作为参考元素，如图 5-91 和图 5-92 所示。

图 5-90　参考平面为平面创建对称元素

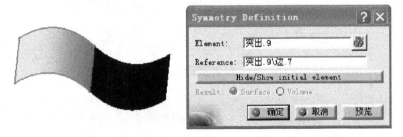

图 5-91　参考平面为边线创建对称元素

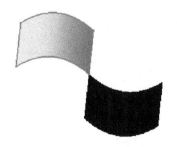
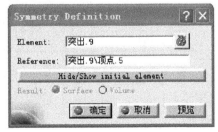

图 5-92　参考平面为点创建对称元素

5.4.2 控制点调整

通过控制点功能可以调整曲线或曲面的控制点以改变曲线或曲面的形状。

1) 调整曲线控制点

调整控制点的操作步骤如下：

(1) 在 Shape Modification 工具栏中单击"Control Points"（控制点调整）按钮，系统弹出如图 5-93 所示的 Control Points 对话框。

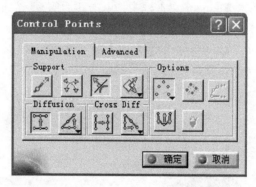

图 5-93　Control Points 对话框

(2) 选择需要编辑的曲线 Curve.1，曲线上显示控制点、阶数和段数等信息。如果选择的曲线是有关联的，如选择曲线 3D Curve.1，那么会弹出如图 5-94 所示的 Information 对话框，单击"确定"按钮，可生成非关联的曲线。

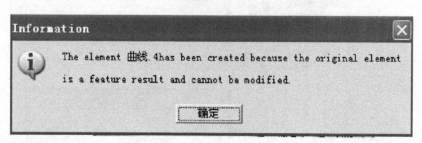

图 5-94　Information 对话框

(3) 通过调整控制点，可改变曲线的外形。在 Support 选项区域中有以下 5 种编辑控制点的方法。

① 单击 按钮，表示在指南针平面上移动控制点，如图 5-95 所示。

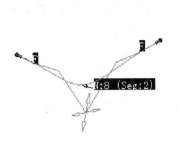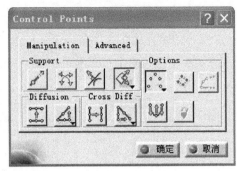

图 5-95 在指南针平面上移动控制点

②单击 按钮，表示沿着指南针方向移动控制点，如图 5-96 所示。

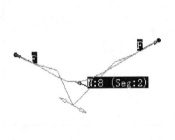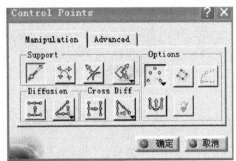

图 5-96 沿着指南针方向移动控制点

③单击 按钮，表示沿着控制网格线方向移动控制点，如图 5-97 所示。

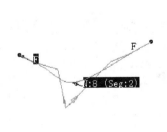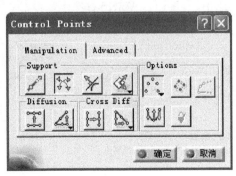

图 5-97 沿着控制网格线方向移动控制点

④单击 按钮，表示沿着曲线的切线方向移动控制点，如图 5-98 所示。
⑤单击 按钮，表示沿着曲线的法线方向移动控制点，如图 5-99 所示。

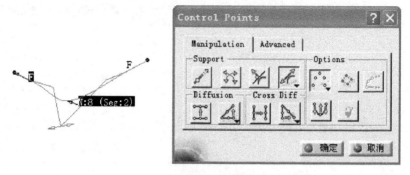

图 5-98　沿着曲线的切线方向移动控制点

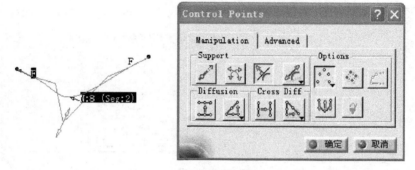

图 5-99　沿着曲线的法线方向移动控制点

（4）单击 ![按钮]，选中全部控制点；设置选中的控制点之间的变化方式进行控制点编辑。

①单击 ![按钮]，表示所有选中的控制点是等距离平移，如图 5-100 所示。

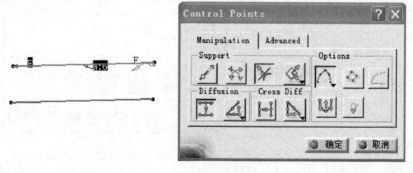

图 5-100　等距离平移

②单击 ![按钮]，表示所有选中的控制点按线性变化规律平移，如图 5-101 所示。

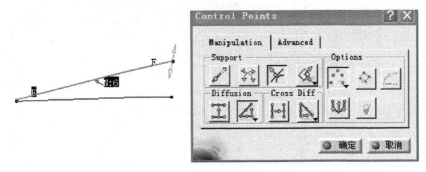

图 5-101　按线性变化规律平移

③单击 按钮，表示所有选中的控制点按内凹二次曲线移动，如图 5-102 所示。

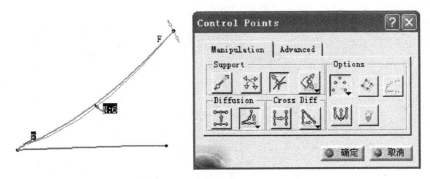

图 5-102　按内凹二次曲线移动

④单击 按钮，表示所有选中的控制点按外凸二次曲线移动，如图 5-103 所示。

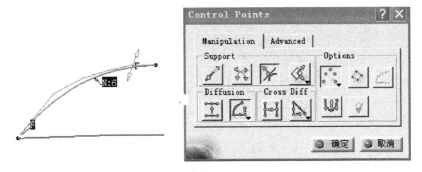

图 5-103　按外凸二次曲线移动

⑤单击 按钮，表示所有选中的控制点按三次曲线移动，如图 5-104 所示。

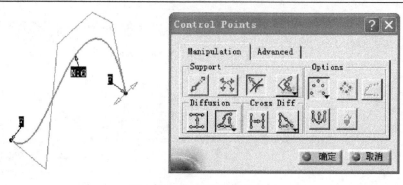

图 5-104　按三次曲线移动

⑥在 Smooth 下的文本框中输入对控制点进行光顺的值，单击"确定"按钮，对控制点进行光顺，所设数值越大越平滑。图 5-105（a）为未光顺时的效果，图 5-105（b）为输入值为 0.50 时光顺后的效果。

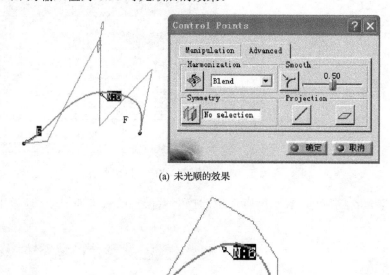

(a) 未光顺的效果

(b) 光顺后的效果

图 5-105　曲线光顺前后对比

⑦在曲线端点，单击鼠标右键，显示变形曲线与原来曲线在端点处的连续性，在连续性字体上单击鼠标左键，可以切换连续性，如图 5-106 所示。

⑧在曲线上单击鼠标右键，显示变形曲线的阶数，在阶数上单击鼠标左键，可以改变曲线的阶数，如图 5-107 所示。

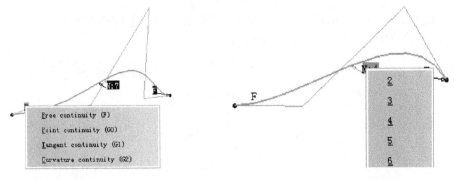

图 5-106　连续性显示　　　　　　　　　图 5-107　改变曲线的阶数

2) 调整曲面控制点

调整曲面控制点的操作步骤如下：

(1) 在 Shape Modification 工具栏中单击"Control Points"(控制点调整)按钮 。

(2) 选择需要编辑的曲面，将显示曲面的控制网格，如图 5-108 所示。

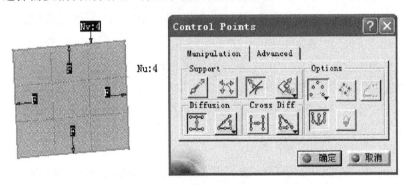

图 5-108　显示曲面的控制网格

(3) 按照"曲线控制点调整"中的方法，通过调整曲面控制点，可以改变曲面的形状，如图 5-109 所示。

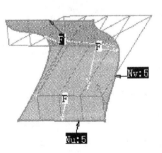
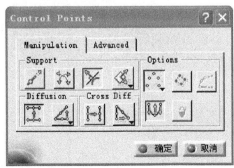

图 5-109　曲面控制点

(4)单击显示(Display)按钮<img_1 />，将显示曲面在控制点处的曲率方向，如图 5-110 所示，单击"确定"按钮，完成曲面的编辑。

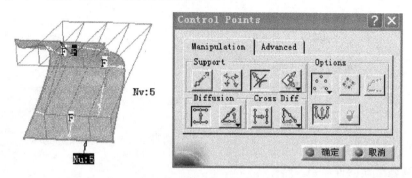

图 5-110　显示曲面在控制点处的曲率方向

5.4.3　曲面匹配

曲面匹配可以通过将曲面变形以达到与其他曲面按某种连续性连接起来的目的。

1)单曲面匹配

单曲面匹配的操作步骤如下：

(1)在 Shape Modification 工具栏中，单击"Match Surface"(单曲面匹配)按钮，系统弹出 Match Surface 对话框。

(2)选择需要匹配曲面的边线。

(3)选择目标曲面的边线，表示匹配后的曲面与该曲面按某种连续性连接起来。单击按钮，如图 5-111 所示，在 Type 下拉列表框中选择匹配曲面的方式。

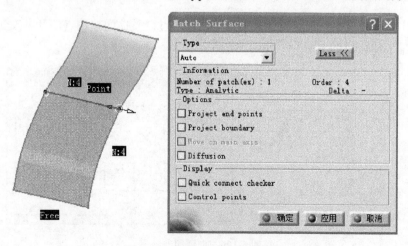

图 5-111　Match Surface 对话框

①Auto 方式，即系统将自动选择最佳的方式建立匹配曲面。

②Analytic 方式，即通过两连接边线的阶数来建立匹配曲面。

③Approximate 方式，即不考虑两连接边线的阶数，用近似的方法建立匹配曲面。

(4)在 FreeStyle Dashboard 工具栏中单击 按钮，显示变形曲面与目标曲面之间的连续性，在连续性字体上单击鼠标右键，弹出如图 5-112 所示的对话框，可以设置变形曲面与目标曲面之间的连续性。

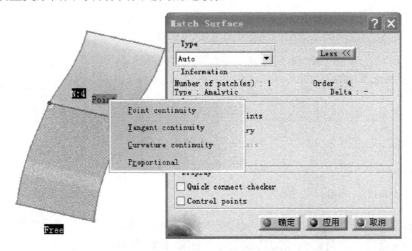

图 5-112　设置变形曲面与目标曲面之间的连续性

(5)在 FreeStyle Dashboard 工具栏中单击 按钮，显示连接边界的控制点，拖动控制点可以调整匹配曲面与目标曲面的边界范围，如图 5-113 所示。

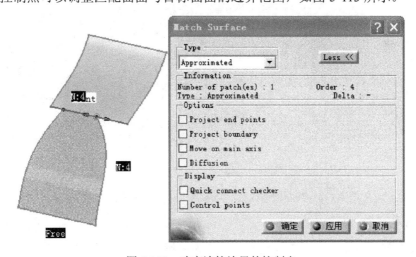

图 5-113　改变连接边界的控制点

(6)在 FreeStyle Dashboard 工具栏中单击 按钮，显示匹配曲面在连接处的张力大小，拖动张力箭头可以调整张力值的大小，也可以单击鼠标右键，在弹出菜单中选择 Edit tension 命令，设置张力的大小；选择 Invert direction 命令，可以将方向反向，如图 5-114 所示。

(7)在 FreeStyle Dashboard 工具栏中单击 按钮，显示匹配曲面在 U、V 方向的阶数，在阶数数值上单击鼠标右键，并在弹出的菜单中设置该方向的阶数，如图 5-115 所示。

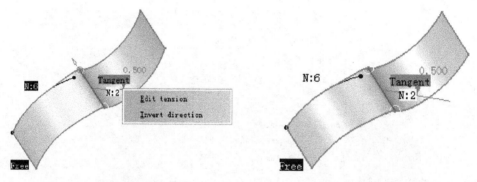

图 5-114　调整张力值的大小　　　　　图 5-115　设置匹配曲面阶数

(8)在 Options 选项区域下，选择 Project end points 复选框，表示将匹配曲面边线的端点投影到目标曲面的边线上，匹配曲面如图 5-116 所示。

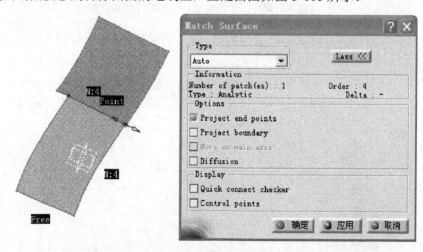

图 5-116　将匹配曲面边线的端点投影到目标曲面的边线上

(9)在 Options 选项区域下，选择 Project boundary 复选框，表示将匹配曲面边线投影到目标曲面上，并以投影曲线作为目标边线，如图 5-117 所示。

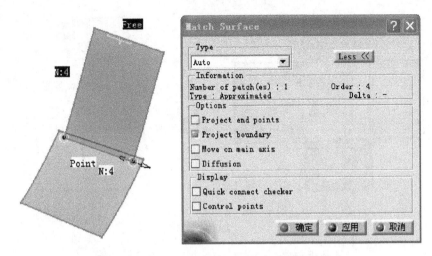

图 5-117　匹配曲面边线投影到目标曲面的边线上

2) 多曲面匹配

多曲面匹配(Multi-side Match Surface)可以通过延伸一个曲面的多条边与其他曲面进行匹配。多曲面匹配的操作步骤如下：

(1) 在 Shape Modification 工具栏中单击 "Multi-side Match Surface" (多曲面匹配) 按钮 ，系统弹出如图 5-118 所示的 Multi-side Match 对话框。

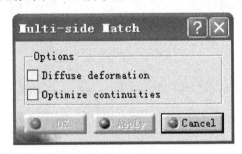

图 5-118　Multi-side Match 对话框

(2) 选择需要匹配曲面的第一条边线，再选择目标曲面的一条边线，形成一个匹配曲线对。使用同样的方式可以设置更多的匹配曲线对，单击 "预览" 按钮，结果如图 5-119 所示。

(3) 在数字上单击鼠标右键，可以设置匹配曲面在 U、V 方向的阶数。

(4) 单击连续性字样，可以切换匹配曲面和目标曲面的连续性。

(5) 选中 Options 选项区域下的 Diffuse deformation 复选框，可以将匹配曲面变形，以便更好地和目标曲面连接，如图 5-120(a) 所示，不选中 Diffuse deformation 复选框时，如图 5-120(b) 所示。

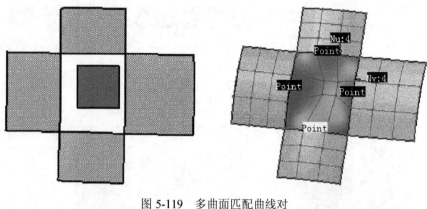

图 5-119　多曲面匹配曲线对

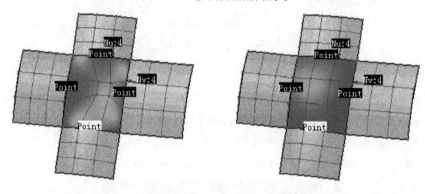

(a) 选中Diffuse deformation复选框　　　　　　(b) 不选中Diffuse deformation复选框

图 5-120　多曲面匹配曲线对

(6)选中 Options 选项区域下的 ☑ Optimize continuities 复选框,可以忽略匹配曲面边线的控制点限制,采用最佳方式建立匹配曲面。

5.4.4　外形拟合

通过外形拟合功能可以将曲线或曲面与目标元素外形进行拟合,以达到逼近目标元素的目的。外形拟合的操作步骤如下:

(1)在 Shape Modification 工具栏中单击"Fit"(对称)按钮 ,系统弹出如图 5-121 所示的 Fit To Geometry 对话框。

(2)在对话框中选中 ⊙ Sources (0) 单选按钮,选择需要进行变形的几何元素,这里选择曲面 1。

(3)在对话框中选中 ⊙ Targets (0) 单选按钮,选择目标曲面作为拟合目标,这里选择曲面 2,单击"确定"按钮,如图 5-122 所示。

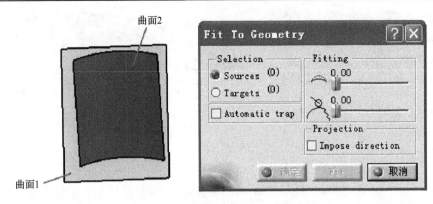

图 5-121　Fit To Geometry 对话框

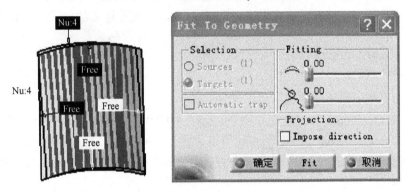

图 5-122　外形拟合

(4) 在 FreeStyle Dashboard 工具栏中单击 按钮，显示拟合后的曲面与原来曲面的连续性。在连续性字样上单击鼠标左键，可以改变连续性。在 Fitting 选项区域下，调整 滑块，可以改变拟合曲面的张力情况。在 Fitting 选项区域下，调整 滑块，可以改变拟合曲面的光滑程度。选中 Automatic trap 复选框，系统自动设置合适的点云数目，可以加快拟合的速度。选中 Projection 选项区域下的 Impose direction 复选框，表示可以通过指南针指定拟合曲面的投影方向。

5.4.5　外形延伸

通过外形延伸功能可以将曲线和曲面进行延伸或缩短。外形延伸的操作步骤如下：

(1) 在 Shape Modification 工具栏中单击"Extend"（外形延伸）按钮 ，系统弹出如图 5-123 所示的 Extend 对话框。

(2) 选择需要延伸或缩短的曲面，这里选择的曲面如图 5-124 所示，在曲面的四个边界上出现四个控制点，拖动控制点可以延伸或缩短曲面。

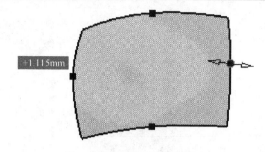

图 5-123　Extend 对话框　　　　　　图 5-124　延伸或缩短曲面

（3）选中 Mode 选项区域下的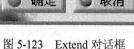复选框，表示延伸或缩短后的曲面仍保留原来曲面的段数和阶数，延伸或缩短后的曲面与原来曲面相比产生了变形；不选中 Keep segmentation 复选框，表示以曲率连续的方式进行延伸，不能缩短。

5.4.6　曲面分割

曲面分割的操作步骤如下：

（1）在 Operations 工具栏中单击"Break"（分割）按钮，系统弹出如图 5-125 所示的 Break 对话框。单击 按钮可以进行点切割线的操作；单击 按钮可以进行线切割线的操作；单击 按钮可以进行面切割面的操作。以面切割面的操作说明其操作步骤。

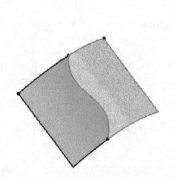

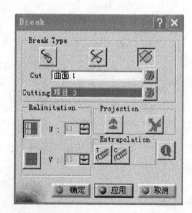

图 5-125　分割曲面功能

（2）单击 按钮选择需要分割的曲面。这里选择平台上的曲面【曲面.1】。

（3）选择平台上的曲线【曲线.1】作为分割边界，结果如图 5-125 所示。

（4）单击在 Relimitation 选项区域下的单选按钮，表示保留原来曲面的控制点。单击在 Relimitation 选项区域下的单选按钮，表示重建原来曲面的控制点。如果需要保留原来曲面，需要在 FreeStyle Dashboard 工具栏中单击按钮。如果选择的分割曲线不够长，系统将提示分割边界不能全部通过曲面，此时需要选择复选框 `Extrapolation`，表示系统自动延伸分割边界。单击 按钮将按照曲率相切连续延伸，单击 按钮将按照曲率连续延伸。

5.4.7　恢复剪切

通过恢复剪切功能可以将裁剪过的曲面或曲线恢复到未裁剪的状态。恢复裁剪的操作步骤如下：

(1) 在 Operations 工具栏中单击"Untrim"（恢复剪切）按钮 ，系统弹出如图 5-126 所示的 Untrim 对话框。

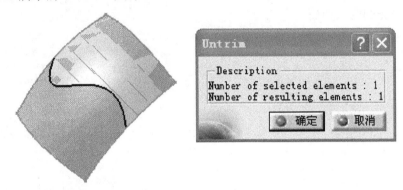

图 5-126　恢复剪切

(2) 选择已裁剪过的曲面。

(3) 单击"确定"按钮，完成恢复剪切，如图 5-126 所示。

5.4.8　连接

通过连接功能可以将至少具有点连续的曲线或曲面连接起来形成具有曲率连续性的曲线或曲面。对曲面进行连接时，只能两两进行操作；对曲线进行连接时可以多条曲线一起进行连接。连接的操作步骤如下：

(1) 在 Operations 工具栏中单击"Concatenate"（连接） 按钮，系统弹出如图 5-127 所示的 Concatenate 对话框。

(2) 按住 Ctrl 键，选择需要连接的两个曲面。这里选择平台上的两个曲面【曲面.1】、【曲面.2】。

(3) 在文本框中设定连接的误差值。如果设置的误差值过小，有可能无法形成连接曲面，并弹出 Information 对话框，提示最小的误差值。这里设置误差值为 1.2mm，单击"应用"按钮。单击 `More>>` 按钮，展开对话框，在 Max dev.选项区域下，如果选中 `Auto Update Tolerance` 复选框，表示系统自动按照建立连接曲面所需的最小误差来更新设置的误差值。

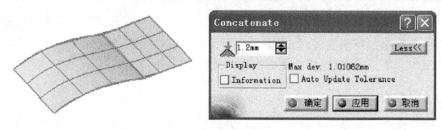

图 5-127　Concatenate 对话框

(4)在 Display 选择区域下选中 Information 复选框，如图 5-128 所示，显示连接曲面的段数、阶数和控制点。在 FreeStyle Dashboard 工具栏中单击 按钮，可保留原先的两个曲面。

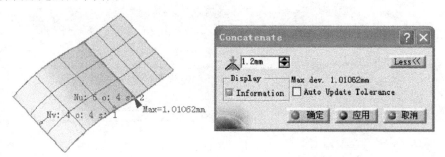

图 5-128　显示曲面的信息

(5)同样方法，可以对曲线进行连接。连接【曲线.1】、【曲线.2】、【曲线.3】的情况，如图 5-129 所示。

图 5-129　连接曲线

5.4.9　分段

通过分段功能可以将复杂的曲面或曲线按照指定的方向的段数分成具有单一段数的多个曲面或曲线。分段的操作步骤如下：

(1)在 Operations 工具栏中单击"Fragmentation"（分段）按钮 ，系统弹出如图 5-130 所示的对话框。

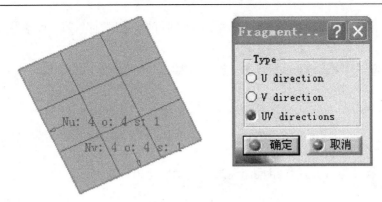

图 5-130 Fragmentation 对话框

(2)选择需要分段的曲面。这里选择曲面【曲面.1】。在 Generic Tools 工具栏中，单击 ⟨?⟩ 按钮，可以分析该曲面在 U、V 方向的段数，如图 5-131 所示。从图中可看出，曲面在 U 方向的段数为 1，在 V 方向的段数为 1。

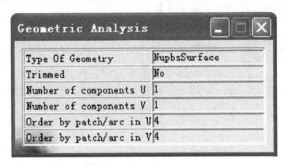

图 5-131 分析该曲面在 U、V 方向的段数

(3)在 Fragmentation 对话框中选择分段的方向。

①选择 U direction 复选框，表示按照 U 方向的段数进行分段操作，如图 5-132(a)所示。

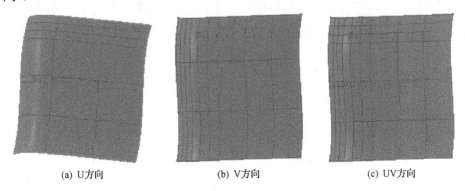

(a) U方向   (b) V方向   (c) UV方向

图 5-132 按不同的分段方向分段操作

②选择 V direction 复选框，表示按照 V 方向的段数进行分段操作，如图 5-132（b）所示。

③选择 UV directions 复选框，表示按照 U、V 两个方向的段数进行分段操作，如图 5-132（c）所示。

④用同样的方法，可以对曲线进行分段操作。

5.4.10　分解

分解操作与合并操作相反，通过分解功能可以把合并后的整个曲面分解成若干个单独曲面。

图 5-133　Disassemble 对话框

在 Operations 工具栏中单击"Disassemble"（分解）按钮 ▦，系统弹出如图 5-133 所示的 Disassemble 对话框。

分解的操作步骤很简单，只需要单击分解的曲面【曲面.1】。

分解有两种方式。第一种为 All Cells 方式，单击对话框左下方的按钮，表示将曲面分解成最小的曲面，如图 5-134（a）所示；第二种为 Domains Only 方式，表示曲面之间边线相接，且具有同一个边界，分解后依然是一个曲面，如图 5-134（b）所示。

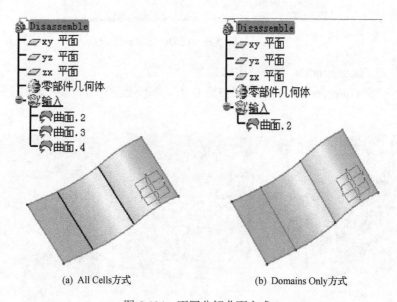

(a) All Cells方式　　　　　　　(b) Domains Only方式

图 5-134　不同分解曲面方式

5.4.11　转换

在自由曲面设计模块中建立的曲线是 NUPBS（non uniform polynomial B-spline）曲线，曲面是 NUPBS 曲面。而在其他模块中建立的曲线和曲面并不是这种格式，如果需要在自由曲面设计模块中对其他模块中建立的曲线和曲面进行操作，需要将不是 NUPBS 格式的曲线和曲面进行转换。通过转换（Convert）功能（🔄）可以将非 NURBS 曲线或非 NURBS 曲面转换成 NURBS 曲线或 NURBS 面。在转化曲线时，曲线上的字样分别代表不同的含义："CV"字样表示原来的曲线不是 NURBS 曲线；"Exact"字样表示曲线可以精确地转换为 NURBS 曲线；"Seg"字样表示曲线本身就是 NURBS 曲线。转换的操作步骤如下：

（1）在 Operations 工具栏中单击"Convert"（转换）按钮🔄，系统弹出 Converter Wizard 对话框。选择平台上需要转换的曲线，单击"应用"按钮，如图 5-135 所示。

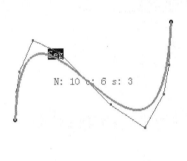
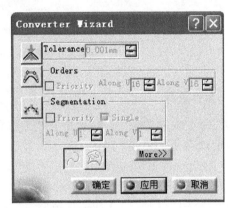

图 5-135　Converter Wizard 对话框

（2）单击 ⚞ 按钮，在 Tolerance 文本框中设置转换曲线与原来曲线之间的允许误差值，误差值越小，转换曲线与原来曲线越接近。单击 ⚟ 按钮，在 Orders 选项区域下设置曲线的阶数，阶数大于 4，表示转换曲线与原来曲线拟合。单击 ⚟ 按钮，在 Segmentation 选项区域下，选中复选框 ▢Single ，表示转换的曲线只有一段；不选中复选框 ▢Single ，可以设置曲线的段数。

（3）选择曲面上的曲线 Spline.2 进行转换。单击 ⌒ 按钮，表示将曲面上的曲线转换为 3D 曲线，如图 5-136(a)所示；单击 ⌗ 按钮，表示转换为曲面上的 2D 曲线，如图 5-136(b)所示。

（4）单击 More>> 按钮，展开对话框，在 Display 选择区域下，选中 ▢Information 复选框，显示转换曲线的信息，包括阶数和段数等信息；选中 ▢Control points 复选框，表示显示曲线的控制点。

（5）转换曲面方法与转换曲线方法类似，只是需要指定 U、V 方向的阶数和段数。

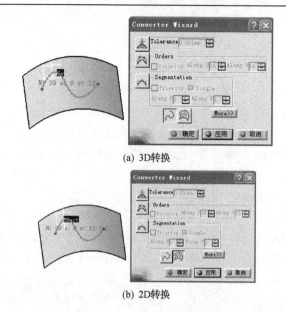

(a) 3D转换

(b) 2D转换

图 5-136　转化曲面上的曲线

5.4.12　参数复制

通过参数复制功能可以将一条曲线的阶数和段数等参数复制到其他曲线上。参数复制的操作步骤如下：

（1）在 Operations 工具栏中单击"Copy Geometric Parameter"（转换）按钮 ，系统弹出 Copy Geometric Parameter 对话框。

（2）选择曲线【曲线.1】作为模板曲线。按住 Ctrl 键，选择曲线【曲线.1】、【曲线.2】作为需要应用参数复制的曲线，如图 5-137 所示。单击"应用"按钮，结果如图 5-138 所示。

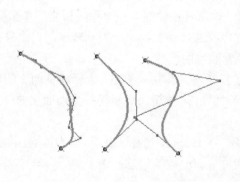

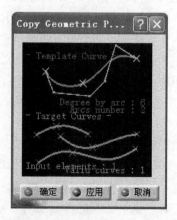

图 5-137　设置模板曲线和复制参数曲线

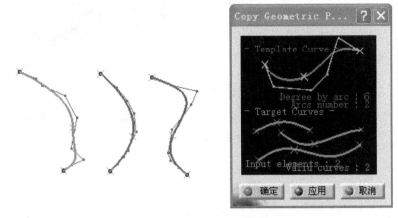

图 5-138　复制参数后的曲线

5.5　外型分析

5.5.1　曲线连续性分析

曲线连续性检查可以检查曲线的连续性，如点连续分析、相切连续分析、曲率分析等。曲线连续性分析的操作步骤如下：

(1)在 Shape Analysis 工具栏中单击"Curve Connect Checker"(曲线连续性分析)按钮 ↩，系统弹出如图 5-139 所示的对话框。

图 5-139　Curve Connect Checker 对话框

(2)选择需要进行分析的曲线，按住 Ctrl 键分别选择曲线【曲线.1】、【曲线.2】、【曲线.3】、【曲线.4】。

(3)设置分析类型。在 Analysis Type 下拉列表框中有 3 种类型：Distance 选项表示点连续性分析，如图 5-140(a)所示；Tangency 选项表示曲线之间相切连续性分析，如图 5-140(b)所示；Curvature 选项表示曲线之间的曲率连续性分析，如图 5-140(c)所示。

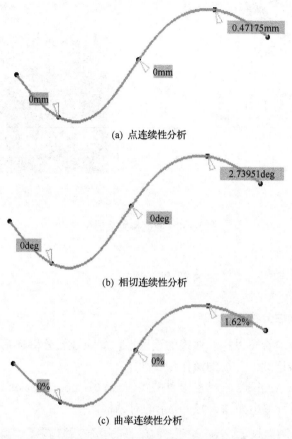

(a) 点连续性分析

(b) 相切连续性分析

(c) 曲率连续性分析

图 5-140　曲线连续性分析

（4）单击 Quick... 按钮，弹出如图 5-141 中左边所示的对话框。选中需要分析的相应复选框，在其右侧的文本框中设置满足对应连续性检查的最小值，文本框右侧显示数值的是对应连续性检查的最大值不连续值。图 5-141 右边所示为选中 Curvature 复选框分析曲率连续性的情况，蓝色是曲率不连续处。

图 5-141　Quick Violation Analysis 对话框

5.5.2　曲线曲率梳分析

曲线曲率梳分析可以分析曲线或者曲面边线的曲率分布情况。曲线曲率分析的操作步骤如下：

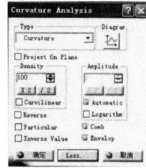

图 5-142　Curvature Analysis 对话框

（1）在 Shape Analysis 工具栏中单击"Curvature Analysis"（曲线曲率分析）按钮，系统弹出如图 5-142 所示的 Curvature Analysis 对话框。

（2）选择需要分析的曲线【曲线.1】、【曲线.2】、【曲线.3】、【曲线.4】。

（3）在 Type 下拉列表框中选择分析类型。Curvature 选项表示分析曲线的曲率，如图 5-143（a）所示。Radius 选项表示分析曲线的曲率半径，如图 5-143（b）所示。

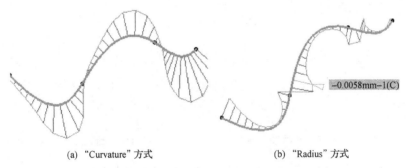

(a) "Curvature"方式　　　　　　　　(b) "Radius"方式

图 5-143　曲线曲率分析

（4）设置曲率梳的密度。在 Density 文本框中输入适当的数值表示曲率梳的密度，如果密度不适合，单击 X 2 按钮，密度加倍，单击 / 2 按钮，密度减半。

（5）设置曲率梳的长度。选中 Amplitude 选项区域下的 Automatic 复选框，系统自动计算最适合的曲率梳长度；如果未选中 Automatic 复选框，可以在 Amplitude 文本框中设置数值；如果选中 Logarithm 复选框，对曲率梳的长度求对数。同样，单击 X 2 按钮，长度加倍，单击 / 2 按钮，长度减半。

（6）选中 Particular 复选框，显示曲率梳的极大值和极小值，如图 5-144 所示。

（7）选中 Inverse Value 复选框，切换当前选择的分析类型，即当前选择 Curvature 类型，实际显示分析结果是 Radius 类型的分析结果。

（8）如果不选中 Comb 复选框，则没有具体的梳状图表示相应位置的数值大小，结果如图 5-145 所示。

（9）如果不选中 Envelop 复选框，则梳状图顶端没有用包络线连接起来，结果如图 5-146 所示。

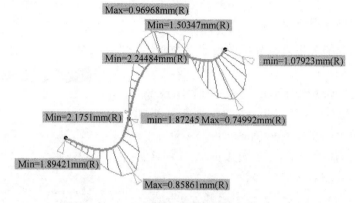

图 5-144　显示曲率梳的极大值和极小值

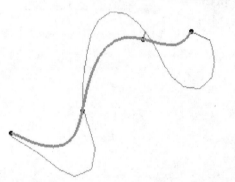

图 5-145　不显示梳状图

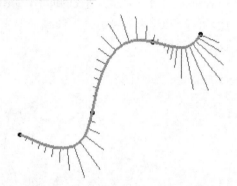

图 5-146　梳状图顶端没有包络线

（10）单击 按钮，将分析结果用图表的形式表现出来，如图 5-147（a）所示；单击 按钮，表示所有的曲线用相同的曲率幅度显示，如图 5-147（b）所示；单击 按钮，表示曲率梳分析结果在图表中有相同的原点，如图 5-147（c）所示；单击 按钮，可把分析结果显示到图表框的中央。

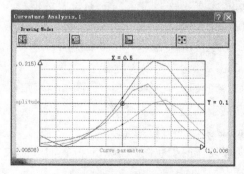

(a) 用图表的形式表示分析结果

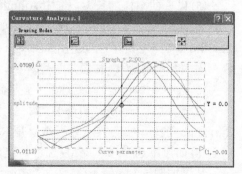

(b) 使用相同的曲率幅度显示

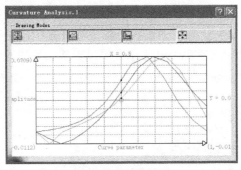

(c) 使用相同的原点显示

图 5-147　使用图表显示分析结果

5.5.3　截面曲率分析

通过截面曲率分析功能可利用多个平面与曲面相交分析曲面在交线上的曲率情况。截面分析的操作步骤如下：

(1)在 Shape Analysis 工具栏中单击"Cutting Plane"（截面分析）按钮 ，系统弹出如图 5-148 所示的 Cutting Plane 对话框。

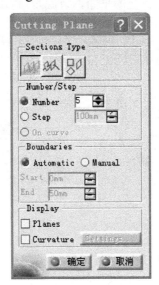

图 5-148　Cutting Plane 对话框

(2)选择需要分析的曲面。

(3)设定截面类型，按如下步骤操作。

①单击 按钮，选择平行平面方式，用与指南针平行的一系列平面作为截面，调整指南针的方向可以改变截面方向，此时需要指定平面的起始和终点范围，在

Boundaries 选项区域下，选中 ● Automatic 单选按钮，表示系统自动在曲面上分布截面的数量，如图 5-149(a)所示。选中 ● Manual 单选按钮，表示以指南针优先平面作为基准，并在 Start 文本框和 End 文本框中设置截面的起始和终止位置，这里在 Start 文本框中输入–200mm，在 End 文本框中输入 0mm，如图 5-149(b)所示。

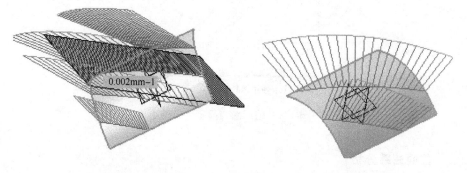

(a) 选中Automatic单选按钮   (b) 选中Manual单选按钮

图 5-149　设置平行截面的边界

②单击 按钮，用与曲线垂直的一系列片面作为截面，如图 5-150 所示。

③单击 按钮，选择已存在的平面作为截面，如图 5-151 所示。

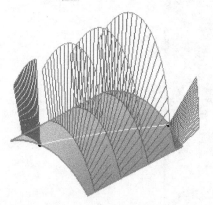
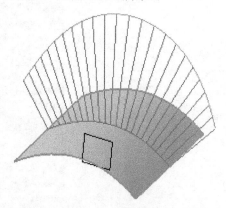

图 5-150　截面为与曲线垂直的一系列片面　　图 5-151　选择已存在的平面作为截面

(4)在 Number/Step 选项区域下设置截面的数量和间距。

①选中 ● Number 单选按钮，在其后的文本框中设置截面的数量，这里输入 3，如图 5-152 所示。

②选中 ● Step 单选按钮，在其后的文本框中设置截面之间的距离，这里输入 70mm，如图 5-153 所示。

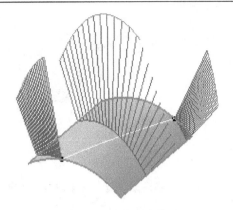 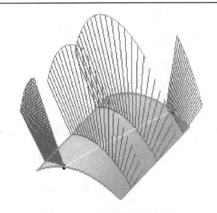

图 5-152　设置截面的数量　　　　　图 5-153　设置截面的间距

③选中⫽人单选按钮，通过在曲线上移动控制点，动态显示在不同位置的曲面曲率情况，如图 5-154 所示。

(5)在 Display 选项区域下，选中 Planes 复选框，可以显示截面的位置，如图 5-155 所示。

图 5-154　动态显示在不同位置的曲面曲率情况　　　　　图 5-155　显示截面的位置

(6)在 Display 选项区域下，选中 Curvature 复选框，可以显示曲面交线处的曲率情况，单击其后的 Settings... 按钮，将会弹出 Curvature Analysis 对话框，在其中可以设置曲率的显示情况。在曲面和截面的交线上单击鼠标右键，弹出如图 5-156 所示的菜单。选择 Keep this intersection curve 命令，表示在分析结束后将此交线保留下来。选择 Keep all intersection curves 命令，表示在分析结束后将所有交线保留下来。

(7)可以一次选中多个曲面进行分析，也可以分析曲面之间的曲率连续情况。图 5-157 为按住 Ctrl 键选中多个曲面进行分析。

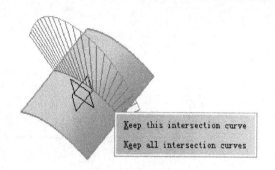

图 5-156　弹出菜单　　　　　　　　图 5-157　一次选中多个曲面进行分析

5.5.4　反射分析

反射分析是通过建立一系列的直线模拟光照射到物体上形成一系列的反射线，并通过这些反射线来分析曲面的形状。反射线分析的操作步骤如下：

(1)在 Shape Analysis 工具栏中单击"反射线分析"按钮，系统弹出如图 5-158 所示的 Reflection Lines 对话框。

(2)单击按钮，表示是屏幕视角，即以与屏幕垂直的方向将光线投射到曲面上，旋转曲面可以看到反射线的变化，如图 5-159 所示。

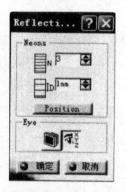

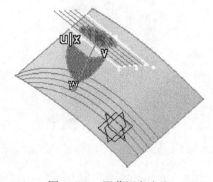

图 5-158　Reflection Lines 对话框　　　　　图 5-159　屏幕视角方向

(3)单击按钮，表示以指南针的方向确定视角，即以指南针的方向作为入射线的方向，调整指南针的方向可以改变反射线，如图 5-160 所示。

(4)在直线上单击鼠标右键,弹出如图 5-161 所示的菜单。选择 Keep this reflection line 命令，可以将当前直线在曲面上的反射线在结束分析后保留下来；选择 Keep all reflection lines 命令，可以将所有反射线在结束分析后保留下来。

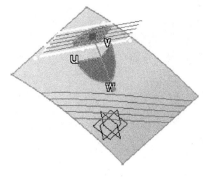

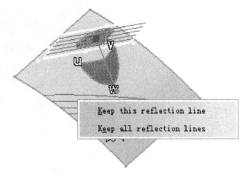

图 5-160　指南针方向　　　　　　　　图 5-161　直线上弹出菜单

5.5.5　拐点曲线分析

通过拐点曲线分析功能可将曲面上曲率为 0 的点连接成曲线。拐点曲线分析的操作步骤如下：

(1)在 Shape Analysis 工具栏中单击"Inflection Line"(拐点曲线分析)按钮，系统弹出如图 5-162 所示的 Inflection Line 对话框。

(2)选中需要进行分析的曲面。在 Local Plane Definition 选项区域下设置建立拐点分析的方式，选中 Compass Plane 单选按钮，表示用指南针平面作为切割曲面，在形成的交线上分析曲面的拐点，旋转指南针方向可以形成不同的拐点曲线，如图 5-163 所示；选中 Parametric 单选按钮，表示按照拐点的参数方向建立拐点曲线，利用这种方式建立的拐点曲线是唯一的。

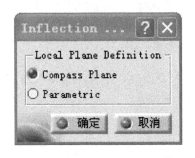

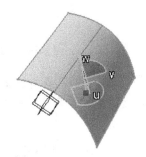

图 5-162　Inflection Line 对话框　　　　图 5-163　根据旋转指南针方向形成的拐点曲线

5.5.6　高亮分析

通过高亮分析功能可以在曲面上建立一系列法向或切向与指南针法向保持一定角度形成的曲面。高亮分析的操作步骤如下：

(1)在 Shape Analysis 工具栏中单击"Highlight Lines Analysis"(高亮分析)按钮，系统弹出如图 5-164 所示的 Highlight Lines 对话框。

图 5-164　Highlight Lines 对话框

（2）选中需要进行分析的曲面。

（3）在 Highlight Type Definition 选项区域下选择高亮分析的方式。

Tangent 方式：选中 Tangent 单选按钮，表示以曲面的切向与指南针的方向构成某一角度形成某一角度的高亮曲线，如图 5-165 所示。

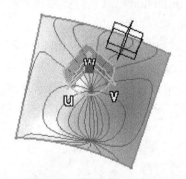

图 5-165　以 Tangent 方式进行高亮分析

Normal 方式：选中 Normal 单选按钮，表示以曲面的法向与指南针的方向构成某一角度形成某一角度的高亮曲线，如图 5-166 所示。

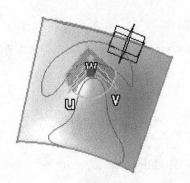

图 5-166　以 Normal 方式进行高亮分析

(4)在 Angle Pitch 文本框中输入角度，输入的值越小，高亮曲线就越密。在高亮曲线上单击鼠标右键，在弹出的菜单中选择 `Keep this highlight line` 命令，表示保留此高亮曲线；选择 `Keep all highlight lines` 命令，表示保留所有的高亮曲线。

5.5.7　环境映射

通过环境映射功能可以将曲面放在设定的环境中，并通过周围环境的映射达到分析曲面的目的。环境映射的操作步骤如下：

(1)将显示模式切换到材料模式。

(2)在 Shape Analysis 工具栏中单击"Enviroment Mapping Analysis"（环境映射)按钮，系统弹出如图 5-167 所示的 Mapping 对话框。

(3)在平台上选中需要进行环境映射的曲面。

(4)在 Image Definition 下拉列表框中选中一个映射的环境，这里选择 Beach 选项，结果如图 5-168 所示。

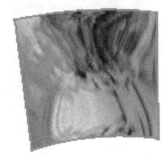

图 5-167　Mapping 对话框　　　　　图 5-168　选择 Beach 选项结果

(5)在 Options 选项区域下，调整 滑块，可以调整反射光的强度。

(6)在 Options 选项区域下，单击 按钮，可以对当前所有曲面进行环境映射。

5.5.8　斑马线分析

斑马线分析是通过等距离的黑色斑马线在曲面上的反射分析曲面的质量。斑马线分析的操作步骤如下：

(1)将显示模式切换到材料模式。

(2)在 Shape Analysis 工具栏中单击"Isophote Mapping Analysis"（斑马线分析)按钮，系统弹出如图 5-169 所示的 Isophote Analysis 对话框。

(3)选中需要进行斑马线分析的曲面。

(4)在 Mapping Type 选项区域下设置映射的方式。单击 按钮，选择圆柱映射方式，如图 5-170 所示。单击 按钮，选择圆球映射方式，如图 5-171 所示。

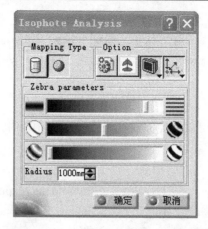

图 5-169　Isophote Analysis 对话框

图 5-170　圆柱映射方式

图 5-171　圆球映射方式

(5)在 Option 选项区域下，单击 按钮，表示对当前所有曲面进行分析。

(6)在 Option 选项区域下，单击 按钮，表示以与屏幕垂直的方向为光线投射的方向，转动屏幕可以改变斑马线，如图 5-172 所示。

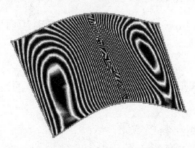

图 5-172　以与屏幕垂直的方向为光线投射的方向

(7)在 Option 选项区域下，单击 按钮，表示以指南针的方向为光线投射的方向，调整指南针的方向可以改变斑马线的分析结果，如图 5-173 所示。

图 5-173　以指南针的方向为光线投射的方向

(8)在 Zebra parameters 选项区域下调整斑马线的参数。调整 ▬▬▬▬ ≣ 滑块，改变斑马线的条数；调整 ◐▬▬▬◑ 滑块，改变黑色条纹的粗细；调整 ◐▬▬▬◑ 滑块，改变黑色条纹的渐变程度。

5.5.9　A 级曲面高亮分析

A 级曲面高亮分析通过黑白相间的条纹，显示曲面法向与指定方向的角度为指定值。A 级曲面高亮分析的操作步骤如下：

(1)将显示模式切换到材料模式 ▦。

(2)在 Shape Analysis 工具栏中单击 "ACA Highlights"（A 级曲面高亮分析）按钮 ▤，系统弹出如图 5-174 所示的 Highlights 对话框。

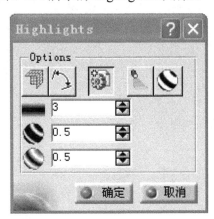

图 5-174　Highlights 对话框

(3)选中需要进行的 A 级曲面高亮分析曲面。

(4)在 Options 下拉列表框中选中▨复选框，表示在曲面的 U、V 方向同时显示高亮分析条纹，如图 5-175 所示。

(5)在 Options 下拉列表框中选中▨复选框，表示同时分析当前窗口的所有曲面。

(6)在 Options 下拉列表框中选中▨复选框，表示高亮发现的条纹是按照不同的角度分布的，如图 5-176 所示。调整▨ 0.5 ▨大小，改变条纹的粗细；调整▨ 0.5 ▨大小，改变条纹的渐变程度。

图 5-175　选中▨复选框时显示的
　　　　　高亮分析条纹

图 5-176　选中▨复选框时显示的
　　　　　高亮分析条纹

第 6 章 数字曲面设计

数字曲面设计模块主要用于逆向设计的前期处理。该模块具有数据文件的导入导出、去除坏点、求截面线、求特征线和质量检查等功能。点云经过编辑处理后，通过特征线提取和编辑、曲面重构、曲面质量检测和调整将实物信息转化为CAD模型。

6.1 数字曲面编辑器简介

数字曲面编辑器模块主要应用于产品的逆向设计中，帮助用户方便快捷地处理点云文件。数字曲面编辑器模块的界面如图 6-1 所示。

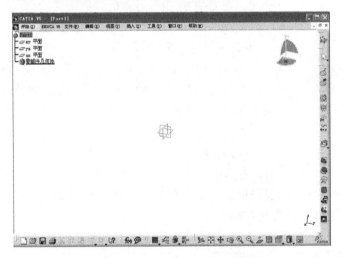

图 6-1 数字曲面编辑器模块的界面

数字曲面编辑器模块界面主要包括点云导入导出工具栏、点云网格化工具栏、点云编辑处理工具栏、点云操作工具栏、点云重定位工具栏、点云分析工具栏等命令工具栏。

6.2 点云数据加载和输出

1. 数据文件的加载

数据文件的加载的操作步骤如下：

　　(1)在 Cloud Import 工具栏中单击"Import"(导入点云)按钮 🔩，系统弹出如图 6-2 所示的 Cloud Import 对话框。

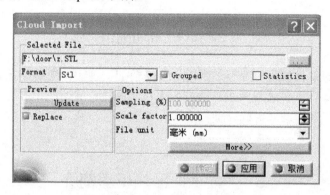

图 6-2　Cloud Import 对话框

图 6-3　导入点云

　　(2)在 Format 下拉列表框中选择一种导入数据文件的格式。在 CATIA 中能导入的数据文件的格式有 Ascii free、Atos、Cgo、Gom-3D、Hyscan、Iges、Kreon、Steinbichler、Stl 等。这里选择 Stl 格式。

　　(3)在 Selected File 选项区域下，单击 按钮，弹出文件选择对话框，选择数据文件存放的路径。这里选择目录下的文件"F:door/z.STL"，单击"应用"按钮，显示如图 6-3 所示的点云。

　　(4)选中 Grouped 复选框，表示可以一次导入的多个点云，并合并起来。在目录树中显示只有一个点云。

　　(5)选中 Statistics 复选框，表示在对话框下部的 Statistics 列表框中显示加载数据文件的信息，如图 6-4 所示。

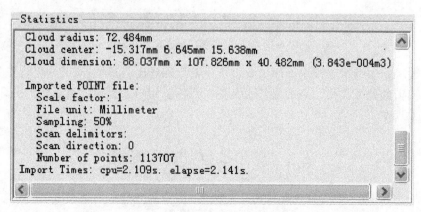

图 6-4　显示加载数据文件的信息

（6）单击 Preview 选项区域下的 `Update` 按钮，在几何显示区显示点云的范围，鼠标拖动 6 个绿色控制点改变导入点云的范围，如图 6-5（a）所示；单击 `Apply` 按钮，结果如图 6-5（b）所示。

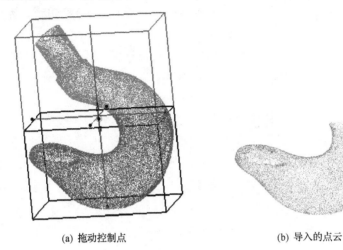

(a) 拖动控制点　　　　　　　(b) 导入的点云

图 6-5　改变点云导入的范围

（7）设置点云采样百分比。在 Options 选项区域下的 Sampling（%）文本框中输入采样百分比，100%表示选中的点云中的点全部被导入；小于 100%表示只按照设定百分比导入点云。

（8）设置点云缩放比例。在 Options 选项区域下的 Scale factor 文本框中输入缩放比例。图 6-6（a）为输入 0.5 的情况，图 6-6（b）为输入 1 的情况。

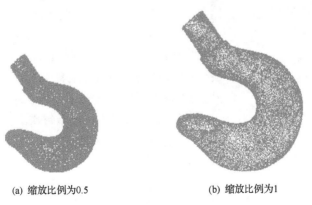

(a) 缩放比例为0.5　　　　　　(b) 缩放比例为1

图 6-6　设置不同缩放比例

（9）设置文件单位。在 Options 选项区域下的 File unit 下拉列表框中选择文件单位。单位不同，导入点云的大小相差很大。

2. 数据文件的输出

数据文件的输出的操作步骤如下。

(1) 在 Cloud Import 工具栏中单击 "Export"（输出点云）按钮🔘，系统弹出 Cloud Export 对话框。

(2) 选择要输出的点云，系统将弹出文件保存对话框，输入保存文件名，选择一种点云数据输出的文件格式，完成数据文件的输出。

6.3　编　辑　点　云

输入点云后，需要对点云进行进一步处理，使点云符合设计的需要。点云处理包括删除点云（删除操作过的点云不能恢复）、过滤点云、激活局部点云、点云合并等。

1. 删除点云

删除点云的操作步骤如下。

(1) 在 Cloud Edition 工具栏中单击 "Remove"（删除点云）按钮🔲，系统弹出如图 6-7 所示的 Remove 对话框。

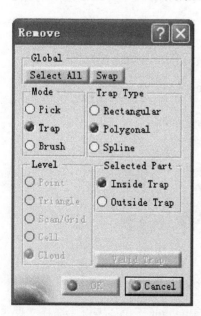

图 6-7　Remove 对话框

(2) 选择需要删除操作的点云。

(3) 选择拾取元素的模式。在 Mode 选项区域下有两种模式。

①Pick 模式。选中🔘Pick 单选按钮。在 Level 选项区域下选中🔘Point 单选按钮，表示每次选择点云的一个点；点云网格化后，选中🔘Triangle 单选按钮，表示每次选择一个三角网格面；选中🔘Scan/Grid 单选按钮，表示每次选择一条交线；选择🔘Cell 单选按钮，表示每次选择点云的一个子点云；选中🔘Cloud 单选按钮，表示一次选中整个点云。

②Trap 模式。选中🔘Trap 单选按钮。在 Trap Type 选项区域下选中🔘Rectangular 单选按钮，表示选择矩形棱柱区域内的点云，如图 6-8 所示；选中🔘Polygonal 单选按钮，表示选择多边形棱柱区域内的点云，如图 6-9 所示；选中🔘Spline 单选按钮，

表示选择区域是一条封闭样条线棱柱区域，如图 6-10 所示。单击 `Select All` 按钮，选中所有点云。

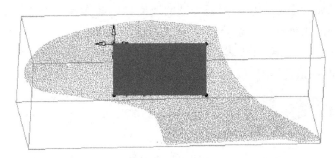

图 6-8　Rectangular 方式

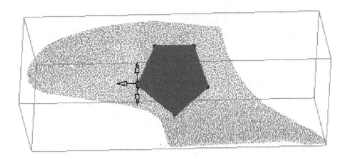

图 6-9　Polygonal 方式

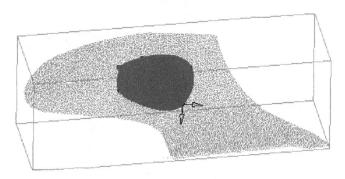

图 6-10　Spline 方式

　　(4) 在 Selected Part 选项区域下选中 `Inside Trap` 单选按钮，表示选中区域内的点云；选中 `Outside Trap` 单选按钮，表示选中区域外的点云。单击 `Swap` 按钮，切换点云的选择区域，如原来在选择区域内的点云切换到选择区域外的点云。

　　(5) 单击 `Valid Trap` 按钮，可查看确认选择的点云。

2. 过滤点云

点云密度较大会影响后期点云处理的速度，因此在保证保留特征的情况下可以对点云进行过滤处理。过滤点云的操作步骤如下：

(1)在 Cloud Edition 工具栏中单击"Filter"(过滤点云)按钮，系统弹出如图 6-11 所示的 Filtering 对话框。

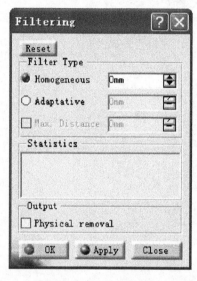

图 6-11　Filtering 对话框

(2)选择需要过滤的点云。

(3)在 Filter Type 选项区域下，有两种过滤方式。

①公差球方式。选中 Homogeneous 单选按钮，在其后的文本框中输入公差球的半径，半径越大，过滤后的点云越稀疏。利用这种方法，过滤的点云比较平均。图 6-12(a)为设置 Homogeneous=8mm 的情况。

②弦高差方式。选中 Adaptative 单选按钮，在其后的文本框中输入弦高差值。这种方法，对特征变化小的部分，过滤较多的点云，对变化大的部分，过滤较少的点云。因此，这种方法更加有利于获得更明显的特征保留。图 6-12(b)为设置 Adaptative＝0.2mm 的情况。

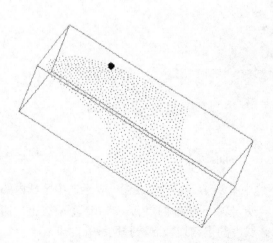

(a) 公差球方式过滤点云

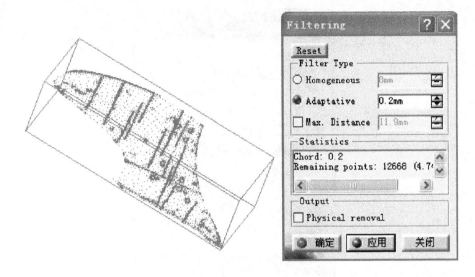

(b) 弦高差方式过滤点云

图 6-12　公差球方式与弦高差方式的对比

(4) 在 Statistics 文本框中，列出了点云过滤的信息，如设置的参数、保留下来的数目和比例，如图 6-13 所示。

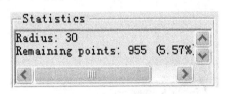

图 6-13　Statistics 信息

(5) 如果选中 Physical removal 复选框，就会删除过滤的点，并不可以恢复。

3. 激活局部点云

激活局部点云的操作步骤如下：

(1) 在 Cloud Edition 工具栏中单击"Activate"(激活局部点云)按钮，系统弹出如图 6-14 所示对话框。

(2) 选择需要激活局部的点云。

(3) 选择需要激活的点云区域。此步操作与删除点云中的类似，结果如图 6-15 所示。

(4) 可以激活所有点云。选择激活的局部点云，单击"Activate"(激活局部点云)按钮，在对话框中单击 Activate All 按钮，激活全部点云。

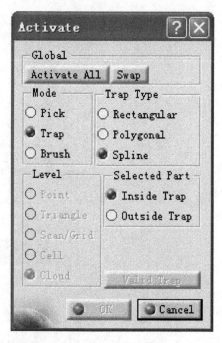

图 6-14　Activate 对话框

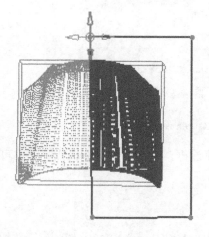

图 6-15　激活局部点云

4. 点云合并

点云合并的操作步骤如下：

（1）在 Cloud Operation 工具栏中单击"Merge Clouds"（点云合并）按钮，系统弹出如图 6-16 所示的 Clouds Union 对话框。

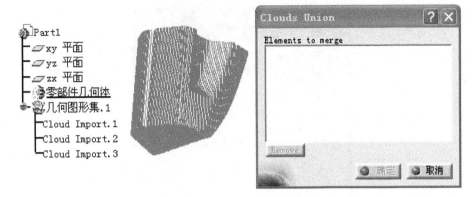

图 6-16　Clouds Union 对话框

　　(2)选择点云 1、点云 2 和点云 3 填入 Elements to merge 列表框中，单击"确定"按钮，结果如图 6-17 所示，同时应注意目录树的变化。

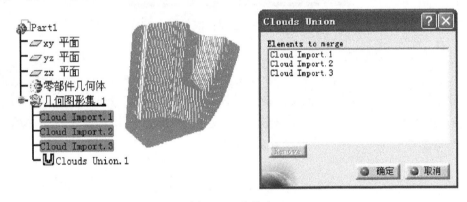

图 6-17　合并点云

6.4　点云网格化

1. 建立网格面

　　通过点云网格化功能可以在点云上建立三角片网格，使点云的几何形状更加明显，方便点云轮廓的建立。通过建立网格面功能可以在点云上建立三角面，使调整更加易于观察。建立网格面的操作步骤如下：

　　(1)在 Mesh 工具栏中单击"Mesh Creation"（建立网格面）按钮，系统弹出如图 6-18 所示的 Mesh Creation 对话框。

　　(2)选择需要建立网格面的点云。

图 6-18　Mesh Creation 对话框（3D Mesher）

（3）选择一种建立网格面的形式。CATIA 中有以下两种建立网格面的形式。

①3D Mesh 方式。选中 3D Mesher 单选按钮，并选中 Neighborhood 复选框，点云上出现一个圆球，在其后的文本框中设置圆球半径，此圆球半径越大，建立的网格面越密集。图 6-19（a）为在 Neighborhood 文本框中输入 1mm 的情况；图 6-19（b）为在 Neighborhood 文本框中输入 3mm 的情况。

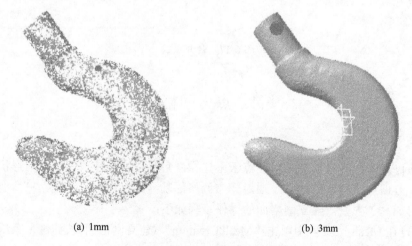

(a) 1mm　　　　　　　　(b) 3mm

图 6-19　3D Mesh 方式建立网格面

②2D Mesh 方式。选中 ● 2D Mesher 单选按钮，对话框如图 6-20 所示。需要指定一个投影方向，具体有两种方法：①单击 ⟋ 按钮，选择 zx 平面作为投影方向，结果如图 6-21(a)所示；②单击 ♣ 按钮，表示以指南针的 W 方向为投影方向，可以旋转指南针改变投影方向，结果如图 6-21(b)所示。

图 6-20　Mesh Creation 对话框(2D Mesher)

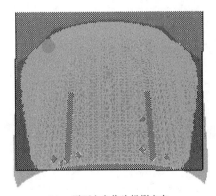

(a) zx平面方向作为投影方向

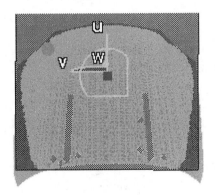

(b) 指南针的W方向为投影方向

图 6-21　2D Mesh 方式建立网格面

(4)在 Display 选项区域下设置点云网格化的显示模式。选中 ▨ Shading 复选框，可以在云点上显示网格面打光的情况。选中 ● Smooth 单选按钮，可以使得网格面显示更加光滑。选中 ● Flat 单选按钮，表示光线向三角面的法向照射。选中 ▨ Triangles 复选框，表示生成三角网格面。

2. 偏置网格面

与曲面偏置类似，偏置网格面功能可以将网格面沿着网格面的法向偏置一定的距离。偏置网格面的操作步骤如下：

（1）在 Mesh 工具栏中单击"Offset"（偏置网格面）按钮 ，系统弹出如图 6-22 所示的 Mesh Offset 对话框。

（2）选择需要进行编辑的网格面 Mesh Creation.1。

（3）在 Offset Value 文本框中输入偏置的距离，这里输入 20mm，如图 6-22 所示。

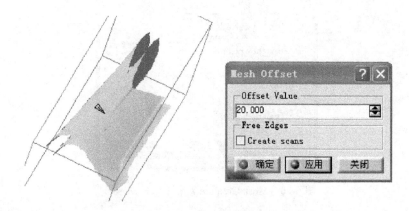

图 6-22　偏置网格面

（4）选中 Create scans 复选框，在偏置的网格面上建立网格面的自由边线，如图 6-23 所示。

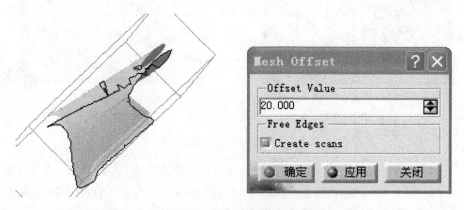

图 6-23　在偏置的网格面上建立网格面的自由边线

3. 平顺网格面

通过平顺网格面功能可以使网格面更加光顺。平顺网格面的操作步骤如下：

(1)在 Mesh 工具栏中单击"Mesh Smoothing"(平顺网格面)按钮 ，系统弹出 Mesh Smoothing 对话框，如图 6-24 所示。

(2)选择需要进行平顺的网格面。选中 Single effect 单选按钮，表示移去太小的网格面。选中 Dual effect 单选按钮，表示减少网格面的粗糙程度。这里选中 Single effect 单选按钮。

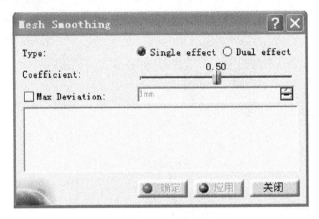

图 6-24　Mesh Smoothing 对话框

(3)调节 Coefficient 滑块可以调节平顺的系数。图 6-25(a)为将 Coefficient 设置为 0.3 的情况，图 6-25(b)为将 Coefficient 设置为 0.98 的情况。

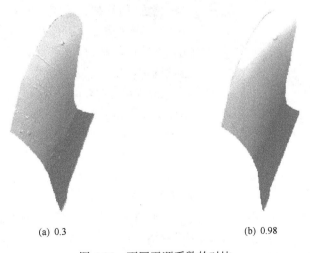

(a) 0.3　　　　　　　　　　　　　(b) 0.98

图 6-25　不同平顺系数的对比

（4）选中 `Max Deviation` 复选框，在其后的文本框中设置允许进行平顺调整的最大距离值。当其他设置相同，Max Deviation 设置为 0.1mm 时的情况如图 6-26（a）所示，Max Deviation 设置为 2mm 时的情况如图 6-26（b）所示。

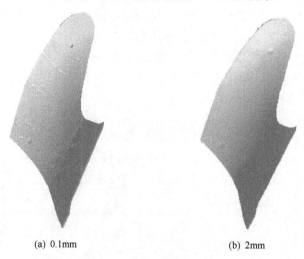

(a) 0.1mm　　　　　　　　　　(b) 2mm

图 6-26　Max Deviation 值不同时的对比

4. 修补网格面

通过修补网格面功能可以修补网格面上的洞，如图 6-27 所示。修补网格面的操作步骤如下：

（1）在 Mesh 工具栏中单击 "Fill Holes"（修补网格面）按钮，系统弹出 Fill Hole 对话框。

（2）选择需要进行修补的网格面，系统自动找到网格面的缺口。其中，V 表示该缺口的边线已被选中，X 表示未被选中。

（3）如果选中 `Hole size :` 复选框，在其后的文本框中设置相应的数值，表示小于此值的缺口被选中，大于或等于此值的缺口不被选中。当 Hole size 后的文本框中填入 5mm 时，结果如图 6-28（a）所示，当 Hole size 后的文本框中填入 2.5mm 时，结果如图 6-28（b）所示。

图 6-27　"Fill Holes.CATPart" 文件

（4）选中 `Points insertion` 复选框，并在 Sag 文本框中设置网格的最大边长，如果网格的边长大于此值，将增加节点。

（5）不选中 `Shape` 复选框，修补网格面是一个平面网格面。选中 `Shape` 复选框，修补网格面是平滑过渡的，调整其后的滑块位置可以改变修补网格面的曲率。

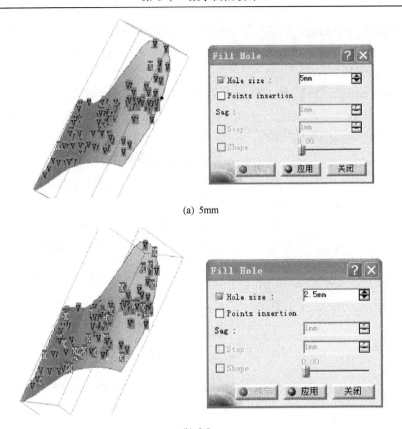

(a) 5mm

(b) 2.5mm

图 6-28　设置不同 Hole size 值的情况

5. 降低网格密度

当网格密度较大时，系统运行比较慢，在不影响产品特征的情况下，可以降低网格密度。降低网格密度的操作步骤如下：

(1) 在 Mesh 工具栏中单击 "Decimation"（降低网格密度）按钮，系统弹出如图 6-29 所示的 Decimate 对话框。

(2) 选中需要降低密度的网格面 Mesh Creation.3。

(3) 选择降低网格密度的方式。降低网格密度的方式有两种。

图 6-29　Decimate 对话框

①Chordal Deviation 方式。选中 Chordal Deviation 单选按钮，这种方法可以较好地保留网格面的形状。选中 Minimum 单选按钮，设置最小值为 2mm，结果如图 6-30(a)所示。

②Edge Length 方式。选中 Edge Length 单选按钮，将网格面中小于设定最小值的三角网格移去，形成较平均的网格面。选中 Minimum 复选框，设置最小值为 0.1mm，结果如图 6-30(b)所示。

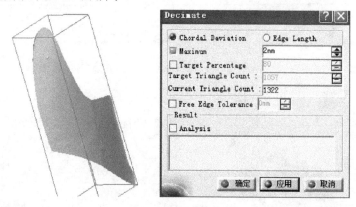

(a) Chordal Deviation方式

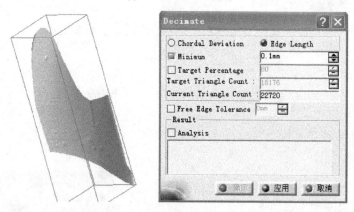

(b) Edge Length方式

图 6-30　两种降低网格密度的方式对比

(4)选中 Target Percentage 复选框，在其后的文本框中设置百分比，表示将网格密度降低到原来的百分比。选中 Free Edge Tolerance 复选框，可以设置自由边的最大偏差值。

6. 合并网格面

合并网格面的操作步骤如下：

（1）在 Cloud Operations 工具栏中单击"Merge Meshes"（合并网格面）按钮，系统弹出如图 6-31 所示的 Meshes Merge 对话框。

图 6-31　Meshes Merge 对话框

（2）选择需要合并的网格面填入 Meshes to merge 列表框中。

（3）与合并点云类似，这里合并过程省略。

7. 分割网格面

通过分割网格面功能可以将网格面分割成几部分。分割网格面的操作步骤如下：

（1）在 Cloud Operations 工具栏中单击"Split a Mesh or a Cloud"（分割网格面或点云）按钮，系统弹出如图 6-32 所示的 Split 对话框。

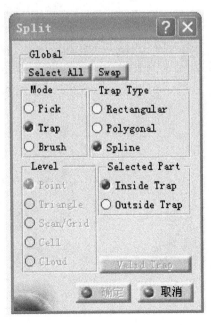

图 6-32　Split 对话框

(2)选择需要分割的网格面。

(3)选择需要分割的部分，单击"确定"按钮，如图 6-33 所示，从目录树中可看出，点云已分割成 SplitMesh.1 和 SplitMesh.2 两部分。

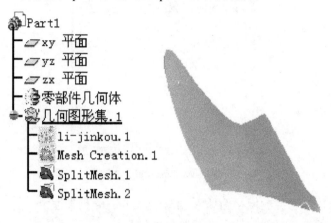

图 6-33　分割网格面

8. 翻转边线

通过翻转边线功能可以修正网格面的边线重建三角网格，使得网格面更加平滑。翻转边线的操作步骤如下：

图 6-34　Flip Edge 对话框

(1)在 Mesh 工具栏中单击"Flip Edges"（翻转边线）按钮 ⊘，系统弹出如图 6-34 所示的 Flip Edge 对话框。

(2)选择需要翻转边线的网格面 Mesh Creation.4。

(3)在 Depth 文本框中设置翻转边线的深度，最小值是 0，最大值是 10，图 6-35 为翻转边线深度为 5 的情况。

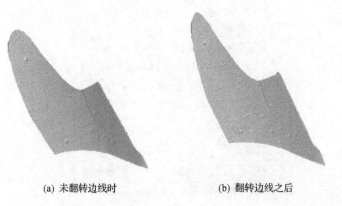

(a) 未翻转边线时　　　　　　　　(b) 翻转边线之后

图 6-35　翻转边线

6.5　绘　制　交　线

在逆向设计过程中，需要在点云或网格面上绘制交线作为逆向设计其他过程的参考和依据。

1. 空间曲线

通过空间曲线功能可以在空间或者点云上创建任意形状的空间曲线。空间曲线的操作步骤如下：

(1) 在 Curve Creation 工具栏中单击"3D Curve"（空间曲线）按钮，系统弹出如图 6-36 所示的 3D curve 对话框。

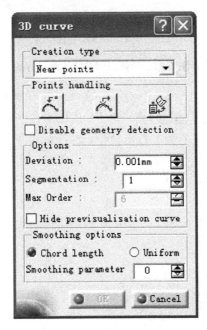

图 6-36　3D curve 对话框

(2) 在 Creation type 下拉列表框中选择一种建立曲线的方式。建立曲线的方式有三种。

① Through points 方式，即选择点云上的点作为曲线的通过点，如图 6-37(a) 所示。

② Control points 方式，即选择点云上的点作为曲线的控制点，如图 6-37(b) 所示。

③ Near points 方式，即选择点云上的点作为曲线的近似点，并在 Deviation 文本框中输入空间曲线与所选的点之间的最大偏差为 0.1mm；在 Segmentation 文本框中设置曲线的段数为 2；在曲线的 N 字上右击，在弹出的菜单中设置曲线的阶数，如图 6-37(c) 所示。

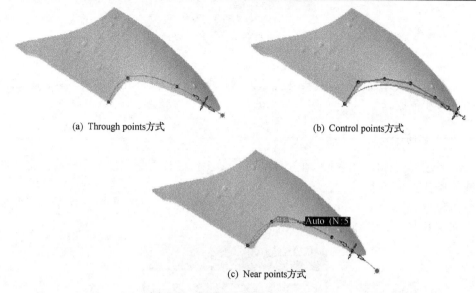

(a) Through points方式   (b) Control points方式

(c) Near points方式

图 6-37　创建空间曲线的不同方式

(3)在选择的点上右击,弹出如图 6-38 所示的快捷菜单。选择 Edit 命令,对当前的点进行编辑;选择 Keep this point 命令,生成当前的点;选择 Impose Tangency 命令,可以指定该点的斜率,在箭头上右击命令,如图 6-39 所示,可以编辑该点的斜率;选择 Impose Curvature 命令,同样可以编辑该点的曲率;选择 Remove this point 命令,移除选择的点;选择 Free this point 命令,约束选择的点。

(4)单击 按钮,可以在曲线上增加一点。单击 按钮,可以移去曲线上的一点。单击 按钮,可以将曲线上的一点限制到其他点上。

图 6-38　曲线控制点快捷菜单　　　　图 6-39　编辑选择点的斜率

2. 交线曲线

通过交线曲线功能可以把创建的交线生成曲线。交线曲线的操作步骤如下:

（1）在 Curve Creation 工具栏中单击"Curve from Scan"（交线曲线）按钮 ，系统弹出如图 6-40 所示的 Curve from Scan 对话框。

（2）选择需要生成曲线的交线 Planar Sections.1。

（3）选择创建曲线的方式。Creation mode 选项区域下有两种创建曲线的方式。

①Smoothing 方式。选中 Smoothing 单选按钮，表示在移动误差范围内将交线上的点平滑排列，并用这些点绘制曲线。在 Parameters 选项区域中设置相关参数：在 Tolerance 文本框中设置曲线和交线之间的误差 0.001mm；在 Max. Order 文本框中设置曲线的阶数 6；在 Max. Segments 文本框中设置曲线的段数 20，结果如图 6-41（a）所示。

图 6-40　Curve from Scan 对话框

②Interpolation 方式。选中 Interpolation 单选按钮，表示在交线上插入点，用这些点绘制曲线。在 Parameters 选项区域中设置相关参数（与 Smoothing 方式中设置相同），结果如图 6-41（b）所示。

(a) 用Smoothing方式创建交线曲线　　　　　　　　　(b) 用Interpolation方式创建交线曲线

图 6-41　创建曲线的两种方式

3. 投影曲线

用户可以在点云或多边形上生成投影线。下面通过一个实例来说明投影线的生成方法，具体操作步骤如下：

（1）单击"Curve on Cloud"按钮，打开 Curve Projection 对话框，如图 6-42 所示。

（2）选择要投影的曲线并选择目标点云。

（3）在 Projection type 下拉列表框中选择投影方式。

①Along a direction 方式。在 Direction 文本框中右击，弹出如图 6-43 所示的菜单，单击"X Axis"按钮，设置 x 轴作为投影方向；单击"Edit Components"按钮，弹出如图 6-44 所示的 Direction 对话框，在其中设置 X、Y、Z 的数值确定投影方向；单击"Compass Direction"按钮，以指南针的 W 轴作为投影方向。

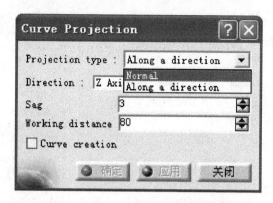

图 6-42　Curve Projection 对话框

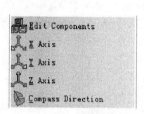

图 6-43　弹出菜单

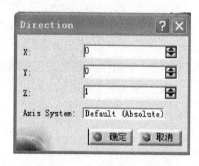

图 6-44　Direction 对话框

②Normal 方式。沿需要投影曲线的法向方向。

（4）在 Sag 文本框中设置投影到点云上的交线所包含点云的间距。数值越大，交线上的点云越少。图 6-45 为 Sag 文本框中值为 0.01 时的曲线投影，图 6-46 为 Sag 文本框中值为 2 时的曲线投影。

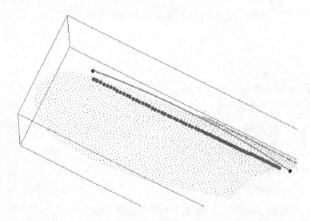

图 6-45　Sag 文本框中值为 0.01 时的曲线投影

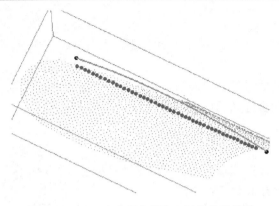

图 6-46　Sag 文本框中值为 2 时的曲线投影

（5）在 Working distance 文本框中设置生成的交线所涉及的点云的宽度。数值越大，交线上的点越多。图 6-47 为 Working distance 文本框中值为 5 时的曲线投影情况，图 6-48 为 Working distance 文本框中值为 20 时的曲线投影情况。

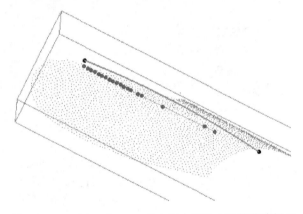

图 6-47　Working distance 文本框中值为 5 时的曲线投影

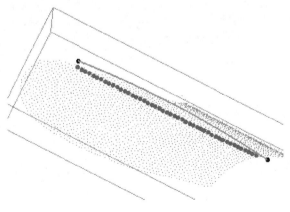

图 6-48　Working distance 文本框中值为 20 时的曲线投影

6.6　矫　正　点　云

矫正点云就是通过点云、曲面、特征线等把点云调整到合适的坐标系中，特点是通过处于正确坐标系的已有点云来调整当前的点云。

1. 点云区域对齐

通过对齐需要重定位点云的指定区域和目标点云的指定区域来对齐点云。点云区域对齐的操作步骤如下：

（1）在 Reposit 工具栏中单击"Align with Cloud"按钮，系统弹出如图 6-49 所示的 Alignment 对话框。

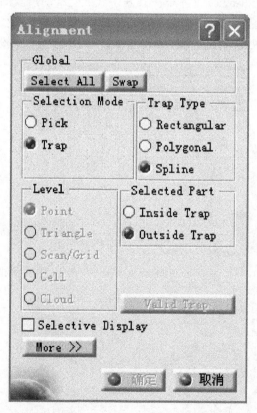

图 6-49　Alignment 对话框

（2）选择需要重定位的点云 Cloud.1；选择目标点云 Cloud.2。

(3) 在点云 Cloud.1 上圈选需要对齐的区域，选择完成后单击"Valid Trap"按钮，确认选择的点云，再选择其他需要对齐的区域，如图 6-50 所示。

(4) 单击"确定"按钮，在点云 Cloud.2 上圈选相应需要对齐的区域，如图 6-51 所示。

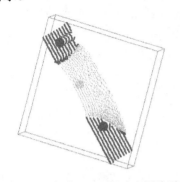
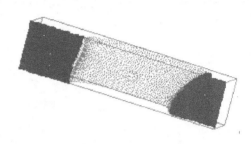

图 6-50　在点云 Cloud .1 上圈选需要　　　　　图 6-51　在点云 Cloud .2 上圈选需要
　　　　　对齐的区域　　　　　　　　　　　　　　　对齐的区域

(5) 单击"确定"按钮，弹出 Digitized Shape Editor Confirmation 对话框，询问是否对齐惯性轴。对齐惯性轴或不对齐惯性轴会出现不同的情况，具体如图 6-52 所示。

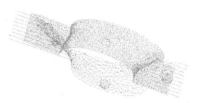

(a) 对齐惯性轴　　　　　　　　　　　(b) 不对齐惯性轴

图 6-52　点云区域对齐

2. 定位球对齐

在重叠部位加入定位球，在定位时使用定位球对齐可以很方便地重定位点云。定位球对齐的操作步骤如下：

(1) 在 Reposit 工具栏中单击"Align using Spheres"（用定位球对齐）按钮，系统弹出如图 6-53 所示的 Alignment 对话框。

图 6-53　Alignment 对话框（定位球）

(2)选择需要重定位的点云 Cloud.1；选择目标点云 Cloud.2。

(3)在对齐对话框中设置定位球半径。选中 Constrained 复选框，约束所有定位球的半径相同。

(4)在点云 Cloud.1 上选择定位球，完成后单击"确定"按钮，结果如图 6-54(a)所示。在目标点云 Cloud.2 上选择定位球，完成后单击"确定"按钮，结果如图 6-54(b)所示。图 6-55 为使用定位球对齐后的点云。

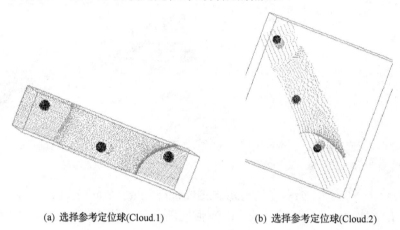

(a) 选择参考定位球(Cloud.1)　　　　　　(b) 选择参考定位球(Cloud.2)

图 6-54　选择定位球

图 6-55　使用定位球对齐后的点云

3. 用指南针对齐

用指南针对齐的操作步骤如下：

图 6-56　Alignment with Compass 对话框

(1)在 Reposit 工具栏中单击"Align using the compass"(用指南针对齐)按钮，系统弹出如图 6-56 所示的 Alignment with Compass 对话框。

(2)选择需要重定位的点云 Cloud.1，选择目标点云 Cloud.2，完成后单击"确定"按钮。

(3)单击按钮，按照点云的惯性轴对齐，有四种不同的对齐结果，如图 6-57 所示。

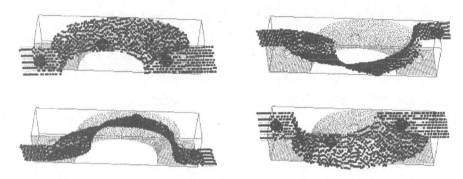

图 6-57　按照点云的惯性轴对齐的四种不同的对齐结果

（4）单击 ✥ 按钮，可以通过拖动指南针将点云移动到合适的位置，单击 ✖ 按钮将点云恢复到上一步位置。

4. 曲面对齐

曲面对齐的具体操作步骤如下：

（1）在 Reposit 工具栏中单击"Align with Surface"（曲面对齐）按钮 ﬗ，系统弹出如图 6-58 所示的 Alignment 对话框。

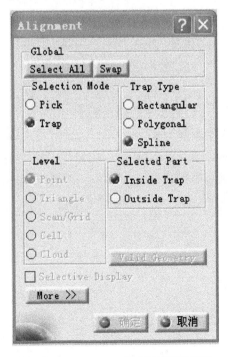

图 6-58　Alignment 对话框（曲面对齐）

（2）选择需要重定位的点云 Cloud.1；选择目标曲面【曲面.1】。

（3）在点云 Cloud.1 上圈选需要对齐的区域，选择完成后单击"Valid Trap"按钮，确认选择的点云，再选择其他需要对齐的区域，单击"确定"按钮，如图 6-59 所示。

（4）在目标曲面 Surface 上圈选相应需要对齐的区域，单击"确定"按钮，结果如图 6-60 所示。

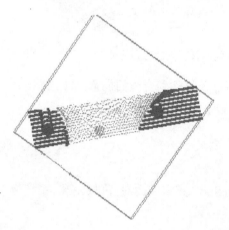

图 6-59　在点云 Cloud.1 上圈选需要对齐的区域

图 6-60　点云区域对齐

6.7　点 云 分 析

1. 点云信息分析

点云信息分析的操作步骤如下：

（1）在 Cloud Analysis 工具栏中单击"点云信息分析"按钮。

（2）选择需要分析信息的点云 door.1，系统弹出点云信息列表框，如图 6-61 所示。

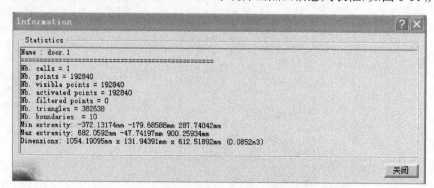

图 6-61　点云信息列表框

2. 距离分析

距离分析功能包括点云与点云、点云与曲面、点云与曲线、网格面之间的距离。距离分析的操作步骤如下：

(1)在距离分析工具栏中单击"Align with Surface"(距离分析)按钮，系统弹出如图 6-62 所示的 Distance 对话框。

(2)选中 ● First set 按钮，选择第一个元素。

(3)选中 ● Second set 按钮，选择第二个元素。

(4)选中 ● Running point 按钮，可以显示鼠标所指点处和曲面之间的距离，如图 6-63 所示。

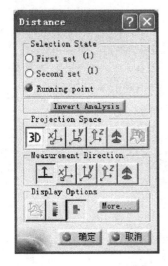

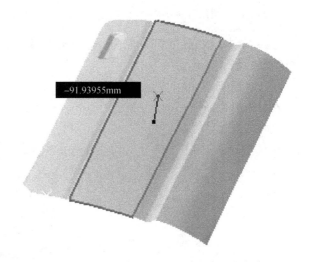

图 6-62 Distance 对话框　　　　图 6-63 显示鼠标所指点和曲面之间的距离

(5)在 Projection Space 选项区域下，设置不同的投影方式；单击 3D 按钮，表示是空间距离格式；单击 按钮，表示是将两元素沿着 x 方向投影到 yz 平面上。

(6)在 Measurement Direction 选项区域下，设置不同的测量方式；单击 按钮，表示是常规测量它们之间的距离；单击 按钮，表示在 x 方向上测量两元素的距离。

(7)在 Display Options 选项区域下，单击 按钮，可以用色带显示两个元素之间的距离，如图 6-64 所示。

(8)单击 按钮，弹出对话框，可以设置最大距离和最小距离的平均值，在两侧按照不同的颜色分别显示，如图 6-65 所示。

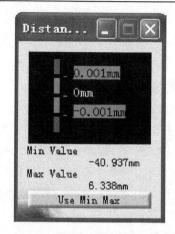

图 6-64　用色带显示两个元素之间的距离　　　　图 6-65　选中 Color scale 复选框

（9）单击"More…"按钮，系统弹出如图 6-66 所示的对话框，在其中设置分析结果的显示模式。

（10）选中 Points 复选框，用点显示分析结果，从设置可以看出，其中绿色的点表示距离为–5～+5mm，红色的点表示超出此范围，如图 6-67 所示。

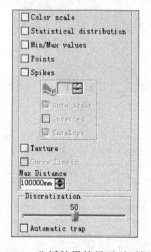

图 6-66　分析结果的显示对话框　　　　　　　图 6-67　用点显示分析结果

（11）选中 Spikes 复选框，在其选项区域下设置不同的显示形状，拖动 Discretization 选项区域下的滑块可以设置显示密度。

第 7 章　拖拉机造型设计及实践

拖拉机覆盖件是拖拉机除发动机和底盘外的所有零部件的总称，主要包括驾驶室、前机罩、轮罩等。拖拉机覆盖件设计好坏不仅影响拖拉机的外形，而且影响拖拉机的乘坐舒适性、噪声、安全防护、生产成本等方面。覆盖件一般具有形状复杂、结构尺寸大、材料厚度相对较小、成型质量要求高等特点，它的设计和生产是整车产品开发中的一个关键环节。覆盖件开发从造型开始，经零件设计、工艺设计、模具结构设计、模具制造、试模到能成功生产出产品为止，是一个相当复杂的过程。其中造型部分是基础，一个造型的好坏直接影响覆盖件冲压性能及其有限元分析与数控加工。覆盖件冲压模具技术含量高、投入成本大，因此，采用科学的外形设计加工方法就显得非常关键，用常规的正向设计方法进行覆盖件设计存在周期长、修改量大、模具投入存在风险等问题。另外，因为在图纸上或在计算机里的表达不是特别直观，所以容易造成产品开发的大量返工甚至失败。针对上述问题，作者采用逆向工程技术作为解决方案，并将其成功运用于轮式拖拉机覆盖件的开发，取得了很好的经济效益和社会效益。本章基于 CATIA 介绍拖拉机的造型设计。图 7-1 为利用逆向设计完成的拖拉机产品照片。

图 7-1　逆向设计的拖拉机产品照片

7.1　拖拉机造型设计流程

一般来说,产品造型开发设计流程如图 7-2 所示。针对拖拉机覆盖件的特点,首先根据用户的要求在计算机上用三维造型软件做出整机的效果图,经过评审和修改后的效果图可作为油泥模型的参考;然后制作 1∶1 的油泥模型,按照冲压等制造工艺的要求进行分块,并评审模型外形和分块方案;接着利用测量设备采集物理模型的外表面数据,生成三维几何点云数据,并对点云进行编辑处理,如去除噪声点、过滤、特征提取、三角化等;最后根据获得的点云,通过分析模型的设计思想和曲面组成,利用 CAD 软件进行曲面重构,生成拖拉机覆盖件的 CAD 模型。生成 CAD 模型后,就可利用现代设计技术对其进行二次处理,例如,进行虚拟装配和干涉分析,利用 CAE 技术对其进行分析;利用 CAM技术对其进行虚拟制造或自动生成数控加工代码等;利用 PDM 技术对其进行数据管理等。

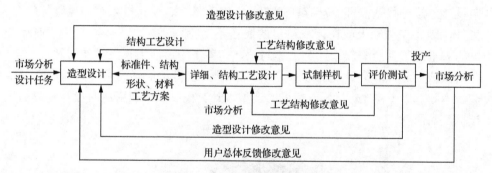

图 7-2　产品造型开发设计流程

覆盖件,尤其是外覆盖件要求曲面质量高、建模误差小。这就对测量点云的质量和重构曲面的品质与误差提出了很高的要求。测量点云的质量主要取决于测量设备的精度和测量方案及方法的制定,而曲面重构的品质主要取决于所选用造型软件的功能和逆向设计师的经验。该方案选用的扫描设备有德国 Steinbichler Optotechnik 公司的 Comet 250 光栅测量系统、AICON 3D 公司的摄影测量系统。图 7-3 为拖拉机的整机油泥模型。图 7-4 为测量系统及前机罩油泥模型。图 7-5为前机罩及挡泥板的三维点云。

前机罩的曲面重构及实体化造型是在 CATIA 环境下完成的,按照分块参考线,对重构好的前机罩进行曲面分割,形成前机罩的顶板、侧板、前脸、灯窝、格栅边界等,结果如图 7-6 所示。

图 7-3 拖拉机的整机油泥模型

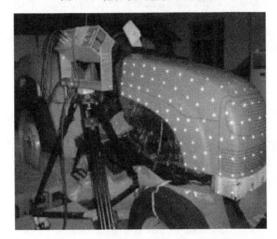

图 7-4 测量系统及前机罩油泥模型

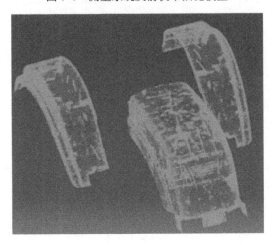

图 7-5 前机罩及挡泥板的三维点云

图 7-6　　在 CATIA 环境下生成前机罩部件

7.2　拖拉机前机罩设计

　　拖拉机前机罩是拖拉机最重要的覆盖件,具有结构复杂、尺寸大、拉延深度大等特点,处于拖拉机前面最显眼的位置,其造型不仅影响拖拉机外形的美观,也影响模具制造的成本和质量,这就对前机罩的重构曲面品质提出了很高的要求,既要求和车身整体搭配协调给人以美感,又必须保证具有必要的流线型,这就要求前机罩表面上的各点空间坐标连成的曲线必须在纵向和横向两个截面上反复协调使之光顺。本节主要利用 CATIA 中的数字曲面编辑器(DSE)模块、快速曲面重建(QSR)模块、创成式曲面设计(GSD)模块、自由曲面设计(FS)模块,通过对点云进行删除、过滤、创建特征线、铺面、修补、曲面品质分析等一系列的操作来得到高质量曲面。

7.2.1　输入前机罩的曲面点云

　　(1)选择开始/ Digitized Shape Editor 命令,进入数字曲面编辑器模块。

　　(2)进入 CATIA 数字曲面编辑器模块,该模块主要应用于产品的逆向设计,帮助用户方便、快速地处理点云。数字曲面编辑器模块的界面如图 7-7 所示。

　　(3)点云文件导入。用导入点云功能 ,打开 Cloud Import 对话框,如图 7-8 所示,在该对话框中的 Format 列表中,选择 Ascii free 项,在 Selected File 选项中,单击图中 按钮,并选择本书文档中的 cp.asc 文件,选中 Statistics 复选框,在输入点云对话框中将显示输入信息,在 Preview 选项区域中,单击“Update”

按钮显示正在输入的点云，如图 7-9 所示，单击"OK"按钮，点云将出现在界面上。

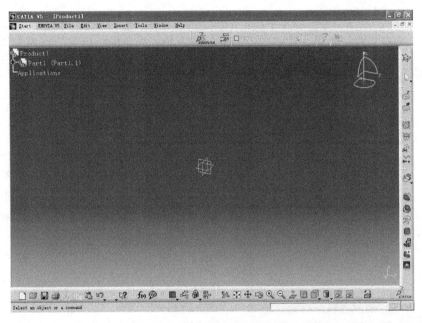

图 7-7　数字曲面编辑器模块的界面

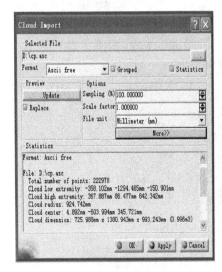

图 7-8　Cloud Import 对话框

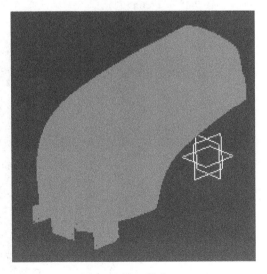

图 7-9　输入的点云

7.2.2　编辑点云

1. 点云过滤

点云密度较大会影响后期点云处理的速度和曲面重构精度，所以在保留点云特征的前提下可以对点云进行过滤处理，具体的操作步骤如下：

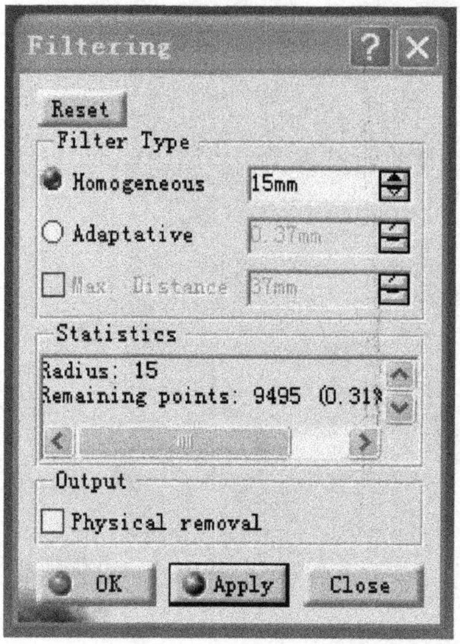

(1)单击点云过滤按钮 及点云，打开 Filtering 对话框，如图 7-10 所示。

(2)选择过滤方式为 Homogeneous，在其后的文本框中输入公差球的半径数值为 15mm，半径越大，过滤后的点云越稀疏。这种方法的特点是过滤的点云比较均匀。图 7-10 为 Homogeneous 后的文本框中输入 15mm 的情况。

(3)单击"OK"按钮，完成点云过滤，从状态栏(Statistics)可以看到有 0.31%的点被保留。

(4)过滤后的点云结果如图 7-11 所示。

图 7-10　Filtering 对话框

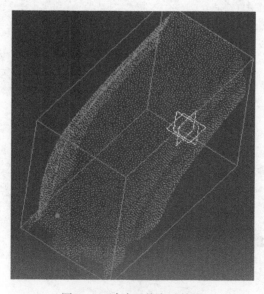

图 7-11　过滤后的点云结果

2. 激活局部点云

由于拖拉机前机罩的外形特征为对称结构，可以删除对称部分的点云，重建一半模型，最后通过镜像获取另外一半模型，这样不但可以减少计算量、节省时间，还可以提高曲面重构精度，具体操作步骤如下。

(1) 单击局部提取功能按钮 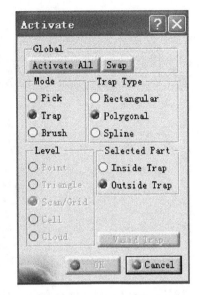，打开 Activate 对话框，如图 7-12 所示，在 Trap Type 区域中选中 Polygonal 单选按钮，把前机罩左半部分的点云隐藏。

(2) 在 Selection 区域中选中 Trap 类型单选按钮，在 Selected Part 区域中选中 Inside Trap 单选按钮。用鼠标点取一个多边形，把想要保留的点都包含在该多边形内，双击鼠标左键，被选中的点云会用红色表示，未被激活的点云将被隐藏起来。单击"Apply"按钮，检查激活

图 7-12 Activate 对话框

结果。单击"OK"按钮，激活被选中点云，如图 7-13 所示。被激活后的点云如图 7-14 所示。

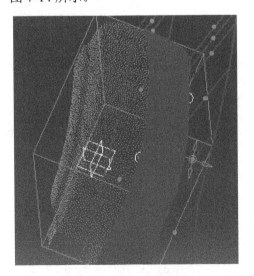

图 7-13 激活选中的点云

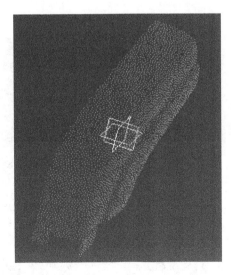

图 7-14 被激活后的点云

3. 点云铺面

为了更好地辨识点云的各个特征、方便重建模型，需要将处理好的点云进行铺面。若铺出来的网格有破洞，则可以利用补洞功能填补破洞。

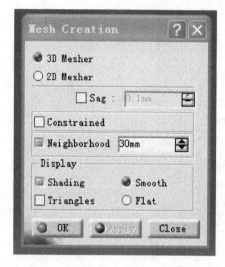

图 7-15　Mesh Creation 对话框

(1) 单击 按钮，出现如图 7-15 所示的对话框，按照对话框设置各选项。

(2) 选中 Neighborhood 单选按钮，此微调框中的数值为点云中小球的半径，如图 7-16 所示。在点云中只要某三个点所构成的面被此球包含，CATIA 就会以此三点为顶点建立一个三角网络。在此框中输入数据 30mm，生成的三角网络点云如图 7-17 所示。

(3) 利用补洞功能 按钮并选择网格面，出现如图 7-18 所示的 Fill Hole 对话框。

(4) 此时 CATIA 自动识别出破洞，如图 7-19 所示，V 表示能修补此洞，X 表示不能修补此洞，右击破洞的标示可以选择是否修补此破洞。

(5) 单击 "Apply" 按钮，检查补洞结果。单击 "OK" 按钮，完成补洞，结果如图 7-20 所示。

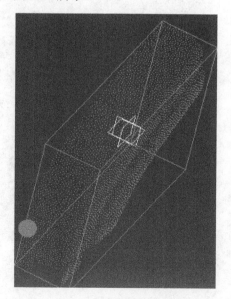

图 7-16　包含小球的点云

图 7-17　点云铺面生成的网格面

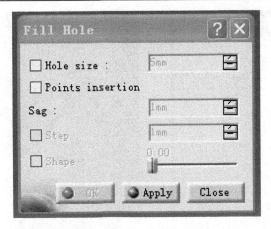

图 7-18　Fill Hole 对话框

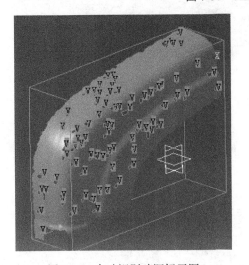

图 7-19　自动识别破洞标示图

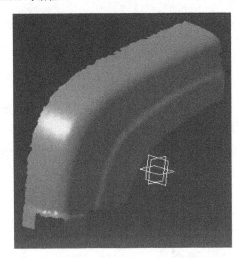

图 7-20　已补洞完毕的网格面

7.2.3　曲线、曲面的创建

1. 脊线的生成

脊线生成的操作步骤如下：

(1)建立参考面。利用向上偏移按钮 ![btn] 将 yz 参考面移动到和点云接触，单击"Planar Sections"功能按钮 ![btn]，打开 Planar Sections 对话框(图 7-21)，选择偏移的参考平面，在参考面上出现一个操作器，利用该操作器可以调整位置，也可以调整剪切平面的距离和剪切平面的数量，单击"OK"按钮，生成脊线截面线，如图 7-22 所示。

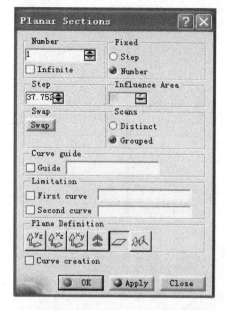

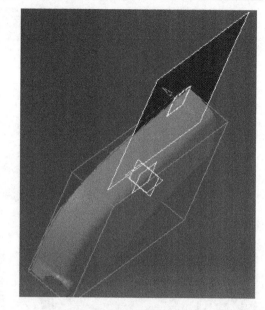

图 7-21　Planar Sections 对话框　　　　　　图 7-22　脊线截面线的生成

　　(2)由脊线截面线生成脊线。单击 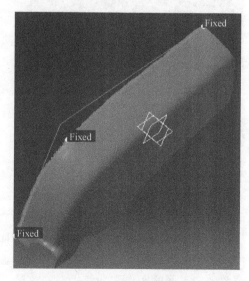 按钮，按照图 7-23 所示的对话框设置选项，设置生成曲线的最大阶数为 6，设置曲线上两分割点之间的最大段数为 20，选择欲转换的点云截面线，单击"Apply"按钮进行预览，单击"OK"按钮则生成如图 7-24 所示的脊线。

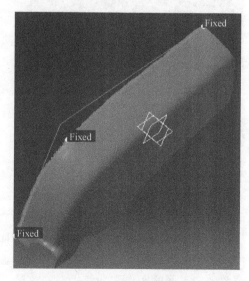

图 7-23　创建的脊线对话框　　　　　　　　图 7-24　创建的脊线

2. 曲率分析

　　单击曲率分析按钮　，选择上述创建的交线，则系统将按照图 7-25 中默认的参数设置，在该曲线上自动显示曲率分布情况，如图 7-26 所示。

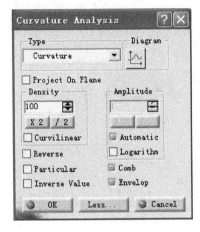

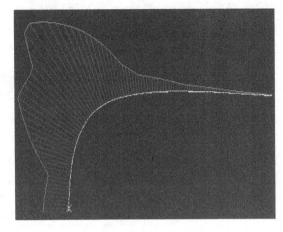

图 7-25　Curvature Analysis 对话框　　　　　　图 7-26　曲率分布情况

　　单击对话框中"Curvature"按钮　，将显示出曲率图，在该曲率图中显示的是被分析曲线的曲率和振幅，如图 7-27 所示，曲线各点的曲率是通过各点的曲率的矢量来表示的，所以其可以直接表示曲线曲率的情况，通过观察图中曲线的平滑情况可知曲率显然是不连续的。

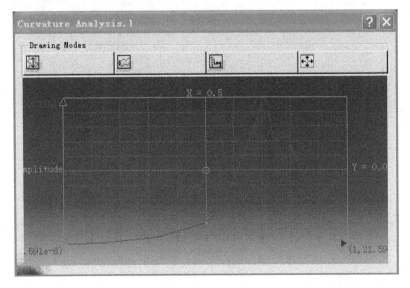

图 7-27　曲率图

3. 曲线光顺

单击"曲线光顺"按钮🔲，打开 Control Points 对话框如图 7-28 所示，首先选择要光顺的曲线，然后在该曲线上选择要光顺线上对应的点，并设置该点的光顺值，最后单击弹出的 Smooth 对话框中的"Run"按钮，就可以光顺选定的曲线（Smoothing Curve），系统将按照设定的值进行曲线光顺，直到曲线满足要求。单击"OK"按钮完成操作，被光顺后的曲率显示如图 7-29 所示。

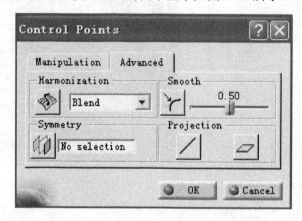

图 7-28　Control Points 对话框

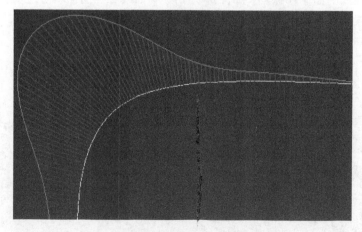

图 7-29　光顺后曲线的曲率分布情况

通过对比图 7-26 和图 7-29 可以看出，光顺后曲线的曲率连续性已经大大提高，在设计过程中借助曲率分析和测量工具可以大大提高设计的效率和精度，线段的控制点不可以太多，且排列要整齐，对曲率变化较大的曲面和曲线要采取分块处理。图 7-30 为曲线光顺后各点的曲率图。

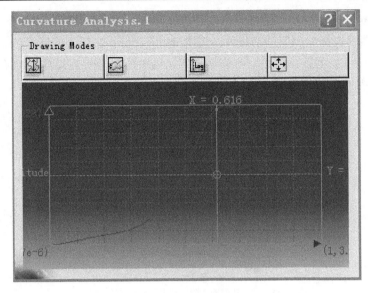

图 7-30　曲线光顺后各点的曲率图

4. 距离分析

通过距离分析功能可以分析点云与点云、点云与曲面、点云与曲线、网格面之间的距离。这里主要进行点云与曲线的距离分析。距离分析的操作步骤如下：

（1）在 Cloud Analysis 工具栏中单击距离分析按钮 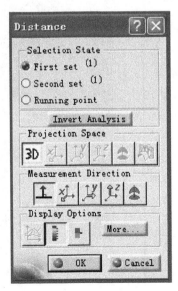，系统弹出如图 7-31 所示的 Distance 对话框。

图 7-31　Distance 对话框

（2）选中单选按钮 First set（1），然后选择点云网格线；选中单选按钮 Second set（1），然后选择光顺后的曲线；选取 Running point 选项，把鼠标移动到一个离散点上，可以显示该点和另一系列元素的精确距离。从图 7-32 中可以看出，点云网格线和光顺后的曲线的最大距离为 0.02mm≤0.1mm，符合设计要求。

图 7-32　点云网格线和光顺后的曲线的距离图解

5. 创建点云截面线

（1）单击"Planar Sections"功能按钮 ，打开 Planar Sections 对话框，如图 7-33 所示。选择对话框的脊线图标 将在脊线上出现一个操作器，分别移动到如图 7-34 所示的位置，单击对话框中的"Apply"按钮预览即可生成截面线，

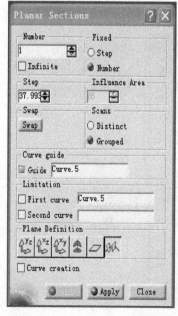

图 7-33　Planar Sections 对话框 1

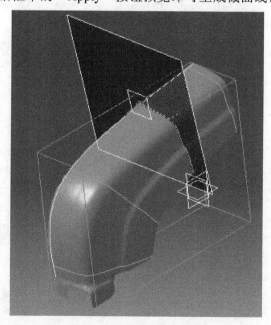

图 7-34　横向截面线的生成

利用该操作器可以调整位置，也可以调整剪切平面的距离和数量，单击"OK"
按钮，完成截面线的生成。

（2）单击"Planar Sections"功能按钮，重新打开 Planar Sections 对话框，
如图 7-35 所示，调整操作器位置可生成如图 7-36 所示的纵向截面线。

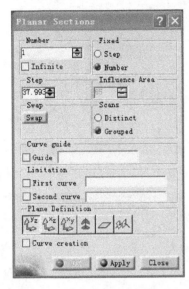

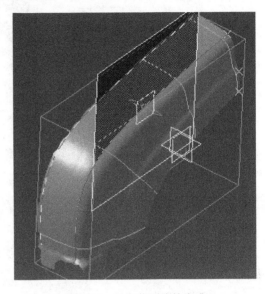

图 7-35　Planar Sections 对话框 2　　　　　图 7-36　纵向截面线的生成

6. 基于点云截面线创建曲线

（1）单击 按钮，按照图 7-37 所示对话框设置参数选项。

（2）分别选择图 7-34 和图 7-36 所创建的点云截面线，单击"OK"按钮，创建
的曲线如图 7-38 所示。

（3）在点云的侧面上创建空间曲线，通过空间曲线功能可以在空间上或者点云
上创建任意形状的空间曲线，具体操作步骤如下。在 Curve Creation 工具栏中单
击"3D curve"（空间曲线）按钮，系统弹出如图 7-39 所示的创建空间曲线对话
框，在 Creation type 下拉列表框中选择一种建立曲线的方式，这里选择 Near points
方式，选择点云上的点作为曲线的控制点，并在 Deviation 文本框中输入空间曲线
与所选的点之间的最大偏差值为 0.001mm；在 Segmentation 文本框中设置 0.1；在
曲线的 N 字上右击，并在弹出的菜单中设置曲线的最大阶数为 6，在点云的侧面
上生成的空间曲线如图 7-40 所示，然后利用曲线光顺指令 对所生成的曲线进
行光顺并利用曲率检测指令 进行曲线质量检测，具体操作步骤前面已进行过介
绍，在此不再赘述。

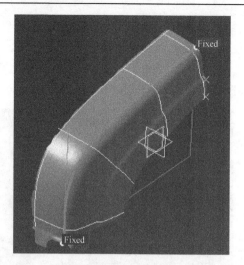

图 7-37　创建曲线对话框　　　　　　　　图 7-38　创建的曲线

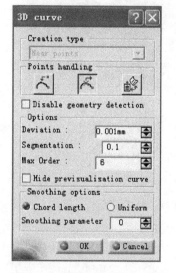

图 7-39　创建空间曲线对话框

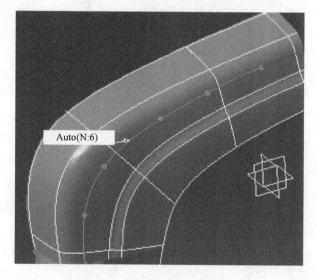

图 7-40　在点云的侧面上创建空间曲线

7. 曲线裁剪

裁剪功能是指利用点、线、面等作为边界对曲线、曲面等元素进行裁剪。在 CATIA 中裁剪方式有两种：一种是 Split(分割)，即利用其他元素作为边界对其中一个元素进行裁剪；另一种是 Trim(修剪)，即两个同类元素互相裁剪，并结合生成一个新的元素。这里，利用 Split(分割)按钮对如图 7-41 所示的线架进行裁剪。

在 Operations 工具栏中单击"Split"(分割)按钮 ，系统弹出 Split Definition 对话框，选中被分割的曲线，设置分割边界，裁剪结果如图 7-42 所示。

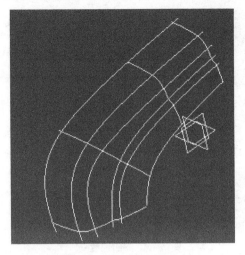

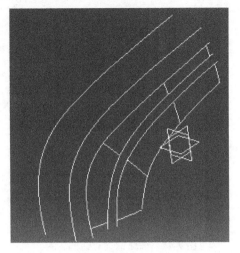

图 7-41　裁剪之前的线架　　　　　　图 7-42　裁剪之后的线架

7.2.4　曲面的构造

1. 铺置侧面

（1）单击 按钮，打开如图 7-43 所示的多截面定义对话框，单击选择曲线，选择曲线时要依顺序选取并注意曲线箭头的方向必须保持一致，单击箭头可更改曲线方向。

（2）单击"Apply"按钮可以预览曲面，检查生成的曲面是否平滑，有无瑕疵，单击"OK"按钮生成曲面，结果如图 7-44 所示，以此类推，创建余下的曲面如图 7-45 和图 7-46 所示。

图 7-43　曲面铺置对话框 1

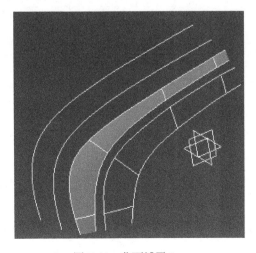

图 7-44　曲面铺置 1

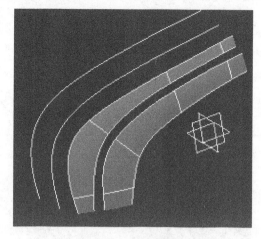

图 7-45　曲面铺置对话框 2　　　　　图 7-46　曲面铺置 2

2. 铺置顶面

（1）将【曲线 1】镜像生成【曲线 2】。在 Surface Creation 工具栏中单击"镜像工具"按钮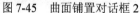，打开镜像对话框（图 7-47），选择需要进行镜像对称的元素，以 *yz* 平面为参考平面把【曲线 1】镜像生成【曲线 2】，生成结果如图 7-48 所示。

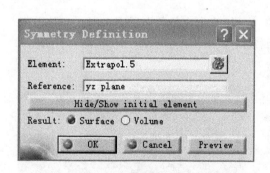

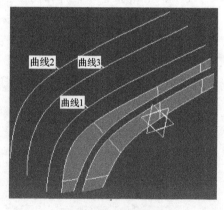

图 7-47　Symmetry Definition 对话框 1　　　　图 7-48　镜像曲线

（2）镜像曲线生成完成之后，再由 Loft 放样曲面命令铺置顶面，此命令可以由一个或者两个平面曲线生成扫描曲面，单击按钮打开如图 7-49 所示的对话框，在【曲线 1】【曲线 2】【曲线 3】之间铺置曲面，结果如图 7-50 所示，注意如果选择的两个平面曲线方向箭头不匹配，在生成曲面时也会出错，此时要单击其中一个平面曲线的方向箭头，改变方向。

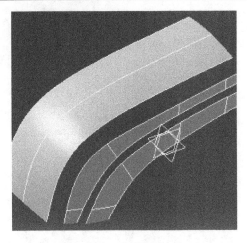

图 7-49　顶面铺置对话框　　　　　　　图 7-50　顶面铺置结果

3. 镜像曲面

单击"镜像工具"按钮，以 *yz* 平面为参考平面，通过【曲面 1】和【曲面 2】镜像生成【曲面 3】和【曲面 4】，对话框设置如图 7-51 所示，生成结果如图 7-52 所示。

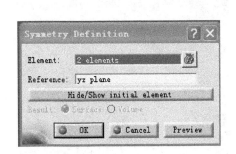

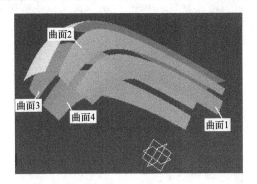

图 7-51　Symmetry Definition 对话框 2　　　　图 7-52　镜像曲面

4. 桥接曲面

桥接曲面(Blend)功能的特点是可以利用曲面将两个曲面或者曲线连接起来。在 Surface Creation 工具栏中单击"桥接曲面"按钮，系统弹出如图 7-53 所示的对话框。选择两个曲面的边线作为桥接曲面的边界，单击 Basic 选项卡，设置连续方式，即确定新生成的曲面和轮廓曲线间的连续方式。连续方式有 Point、Tangency、Curvature 三种，这里选用 Curvature 曲率连续方式。单击 Tension 选项卡，可以定义混合曲面在开始和结束位置的紧张度，在图 7-53 所示对话框中设置桥接曲面的相关参数。所有设置完成后，单击"OK"按钮，生成桥接曲面，如图 7-54 所示。

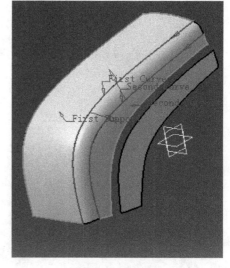

图 7-53　Blend Definition 对话框 1　　　　　图 7-54　曲面桥接 1

在 Surface Creation 工具栏中再次单击"桥接曲面"按钮 ，系统弹出如图 7-55 所示的对话框。选择两个曲面的边线作为桥接曲面的边界，在对话框中设置桥接曲面的相关参数，单击"OK"按钮，生成桥接曲面，结果如图 7-56 所示。

图 7-55　Blend Definition 对话框 2

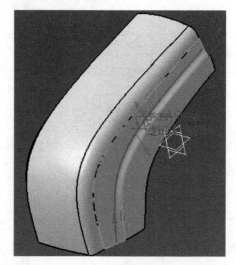

图 7-56　曲面桥接 2

5. 镜像桥接曲面

单击"镜像工具"按钮 ，以 yz 平面为参考平面，把【曲面 1】和【曲面 2】镜像为【曲面 3】和【曲面 4】，对话框设置如图 7-57 所示，生成结果如图 7-58 所示。

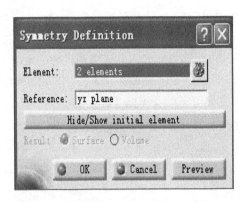

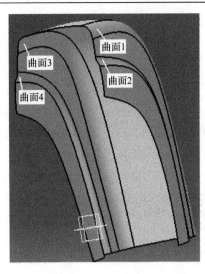

图 7-57 Symmetry Definition 对话框 3　　　　图 7-58　曲面镜像结果

6. 曲面合并

　　曲面合并是把各个单独的曲面合并形成一个整体的曲面。在 Operations 工具栏中单击"合并"按钮，系统弹出如图 7-59 所示的 Join Definition 对话框，选择需要合并的元素填入对话框中，设定 Merging distance 距离为 0.001mm，曲面合并结果如图 7-60 所示。

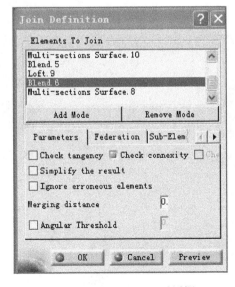

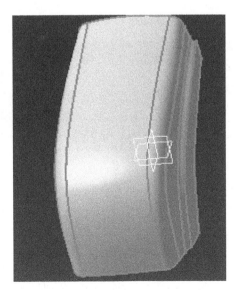

图 7-59　Join Definition 对话框　　　　图 7-60　合并曲面

7. 曲面修整

曲面修整的操作步骤如下：

(1)建立参考平面。在 Operations 工具栏中单击"Translate"(平移交换)按钮 ，系统弹出如图 7-61 所示的 Translate Definition 对话框。在 Vector Definition 下拉列表中选择平移的方式为"Direction，distance"，表示按照指定的方向移动指定的距离，选择 *yz* 参考面填入 Element 文本框中作为将要进行平移的元素，向上平移 720mm，向右平移 122mm，平移结果如图 7-62 所示的参考平面【平面 1】。

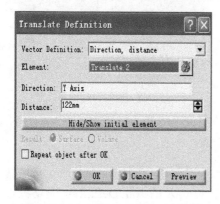
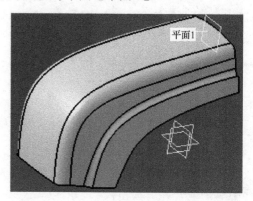

图 7-61　Translate Definition 对话框　　　图 7-62　Direction distance 方式平移曲面

(2)单击相交命令 ，选择参考平面【平面 1】，显示对话框如图 7-63 所示，合并后的曲面得到的交线如图 7-64 所示。

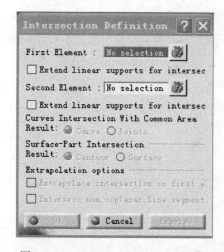
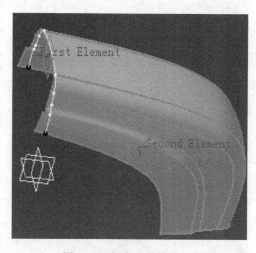

图 7-63　Intersection Definition 对话框　　　图 7-64　相交线的生成

(3)曲面裁剪。在 Operations 工具栏中，单击"Split"(分割)按钮 ，系统弹出

如图 7-65 所示的 Split Definition 对话框，设置被分割的元素。选择合并后的曲面填入
Element to cut 文本框中，设置分割边界，选择相交线填入 Cutting elements 下拉列表中，
单击"Preview"按钮，结果如图 7-66 所示，单击"OK"按钮，完成曲面裁剪。

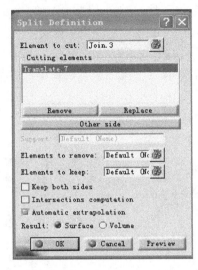

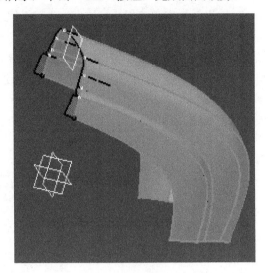

　　　图 7-65　Split Definition 对话框　　　　　　图 7-66　分割曲面预览

7.2.5　曲面的质量分析

曲面的质量分析从以下两个方面展开：

（1）斑马线分析。切换到自由曲面设计模块，在 Shape Analysis 工具栏中，
单击"Isophotes Mapping Analysis"（斑马线分析）按钮，选择曲面进行分析所
创建曲面的品质，要求曲面之间曲率连续，曲率变化均匀，没有多余拐点，曲面
进行分析之前如图 7-67 所示，分析结果如图 7-68 所示。从图中可以看出，斑马线

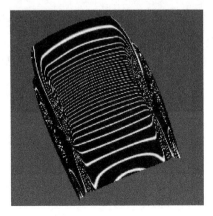

　　　图 7-67　斑马线分析之前　　　　　　　　图 7-68　斑马线分析的结果

不仅是连续的，其间隔也是逐渐变化的，连接处的斑马线呈 S 形，显示出曲面具有很好的品质。

（2）曲面与点云之间的误差分析。分析曲面与点云之间的距离误差，在 Shape Analysis 工具栏中单击"Distance Analysis"（距离分析）按钮，系统弹出如图 7-69 所示的对话框，单击"First set（1）"按钮，选择第一个元素，单击"Second set（1）"按钮，选择第二个元素，选取 Running point 选项，把鼠标移动到一个离散点上，将显示该点和另一系列元素的精确距离，如图 7-70 所示。从图中可以看出，绝大部分点是蓝色的，表示误差为–0.1～+0.1mm，满足设计要求。极少数点是红色的，表示这部分曲面和点云的误差是在–0.1～+0.1mm 之外，这是由于点云本身的误差，这里可以忽略不计。

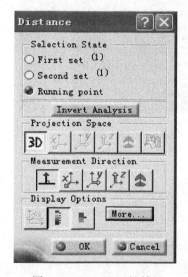

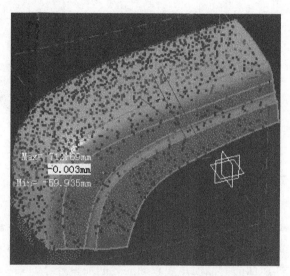

图 7-69　Distance 对话框　　　　　图 7-70　分析曲面与点云之间的距离误差

（3）选择菜单"File"/"save as …"命令，保存文件为"Tactor front cover.CATPart"。

7.3　拖拉机轮罩设计

逆向设计的关键环节就是曲面重构，即根据数据采集信息来恢复原始曲面的几何模型，不仅要再现原产品的设计思想、修复油泥模型存在的缺陷，而且要对覆盖件的表面进行光顺处理。在充分理解造型设计思想并确定设计思路之后就可以对重构曲面进行规划，首先对点云网格化数据进行分块，分别构造基础曲面，通过桥接、过渡、裁剪等细节特征处理最终生成全部曲面；然后通过观察网格化点云曲率变化的程度大小，区分过渡曲面或基础曲面；最后规划出每个曲面的构造方法。经过分析，轮罩曲面可分为七个部分完成，如图 7-71 所示。

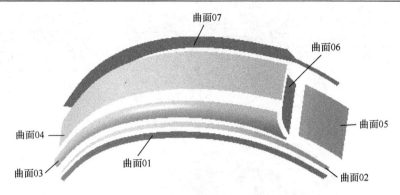

曲面07

曲面06

曲面05

曲面04

曲面01

曲面03

曲面02

图 7-71　轮式拖拉机轮罩曲面大体划分情况

本实例设计的主要创建过程是：首先进行点云的输入，对点云进行编辑处理；然后进行点云交线的创建，根据点云交线进行曲线的创建，利用创建的曲线构造曲面；最后进行曲面质量分析，完成曲面的拟合。具体创建过程如下。

7.3.1　输入拖拉机轮罩的曲面点云

输入拖拉机轮罩的曲面点云的步骤如下：

(1)单击"新建"按钮　，弹出新建对话框，在其中选择类型，单击"确定"按钮，建立一个 Part(零件)类型文件。

(2)选择目录树上端的 Part(零件)节点，单击鼠标右键，在弹出的快捷菜单中选择属性命令，在属性对话框中更改部件名称为"轮罩曲面"，如图 7-72 所示。

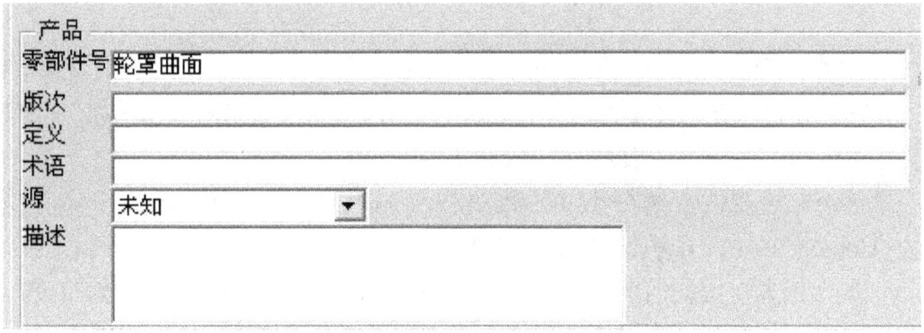

产品
零部件号 轮罩曲面
版次
定义
术语
源　　未知
描述

图 7-72　更改部件名称为"轮罩曲面"

(3)选择开始/　Digitized Shape Editor 命令，进入数字曲面编辑器模块。

(4)在 Cloud Import 工具栏中单击　(导入点云)按钮，在下拉列表中选择 Stl 格式，单击 Selected File 文本框后的　按钮，选择文件"70\lz.stl"；其他设置如图 7-73 所示。单击"应用"按钮，输入点云，结果如图 7-74 所示。

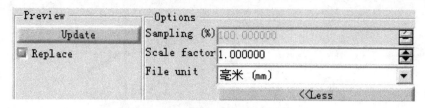

图 7-73 点云输入参数的设置

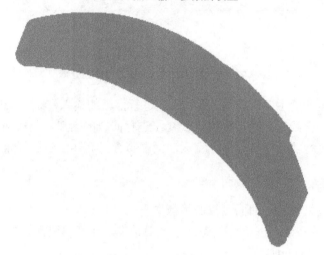

图 7-74 预览输入点云

7.3.2 编辑点云

1. 点云过滤

点云密度较大不仅会影响后期点云处理的速度，还会影响计算精度，因此要对点云进行过滤处理，具体操作步骤如下。

单击点云过滤按钮 ▨，打开 Filtering 对话框，如图 7-75 所示。选择过滤方式为 Homogeneous（公差球）方式，在其后的文本框中输入公差球的半径数值为 3mm，半径越大，过滤后的点云越稀疏。利用这种方法过滤的点云比较均匀。设置 Homogeneous=15mm，单击"确定"按钮，完成点云过滤，从状态栏（Statistics）可以看到只有 21.06%的特征点被保留。

2. 点云铺面

为了更好地辨识点云的各个特征，方便重建模型，需要将处理好的点云进行铺面。若是铺出来的网格有破洞，则可以利用补洞功能填补破洞。

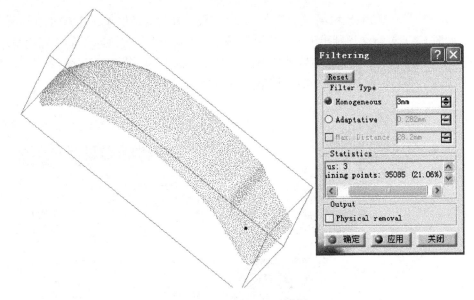

图 7-75　Filtering 对话框

(1)单击 ▨ 按钮，出现如图 7-76 中右边所示的对话框，按照对话框设置各选项参数。对话框中"3D Mesher"选项是针对具有复杂形状点云的铺面方法。在 Neighborhood 微调框中的数值为点云中小球的半径。在点云中只要某三个点所构成的面被此球包含，CATIA 就会以此三点为顶点建立一个三角网络。

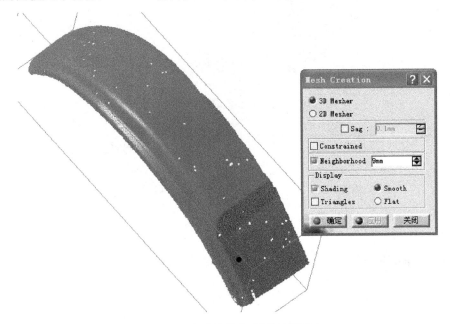

图 7-76　生成的带有破洞的网格面

（2）单击补洞功能按钮 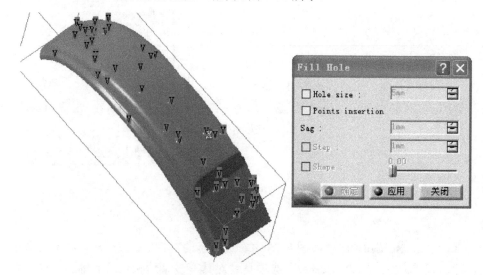 并选择网格面，出现的补洞对话框如图 7-77 中右边所示，此时 CATIA 自动识别出破洞，其中 V 表示能修补此洞，X 表示不能修补此洞，右击破洞的标示可以选择是否修补此破洞。单击"应用"按钮，检查补洞效果。单击"确定"按钮，完成补洞功能，结果如图 7-78 所示。

图 7-77　自动识别标示图

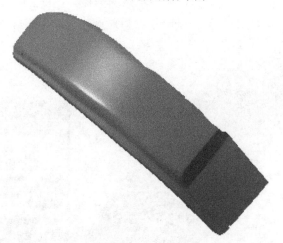

图 7-78　补洞完毕的网格面

7.3.3　曲面重构

1. 创建曲面 01

（1）选择开始/形状/ Quick Surface Reconstruction 命令，进入快速曲面创建模块。

单击"曲率分片命令"按钮 ，分析曲面上的曲率变化情况，以确定引导线的走向，如图 7-79 所示。

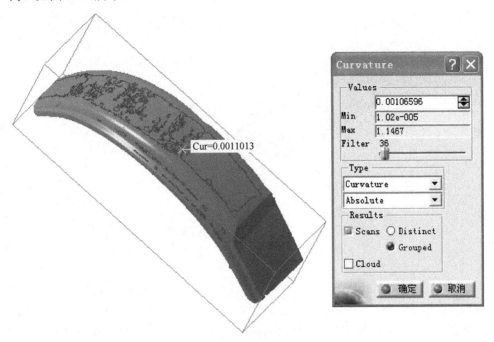

图 7-79　曲率变化分析对话框

　　(2) 在 Curve Creation 工具栏中单击"3D Curve"按钮 ，在点云网格面上绘制如图 7-80 所示的空间曲线，以作为引导线。

图 7-80　绘制空间曲线

（3）在 Cloud Edition 工具栏中单击"Activate"（激活局部点云）按钮，以激活点云局部区域，如图 7-81 所示。

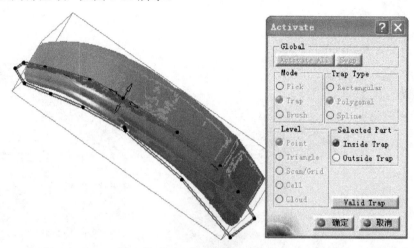

图 7-81　激活局部点云（曲面 01）

（4）切换到创成式曲面设计（GSD）模块，在 Wireframe 工具栏中单击"等距点"按钮，将上面得到的曲线【曲线.10】等分。在 Wireframe 工具栏中单击"创建参考平面"按钮，在 Plane type 下拉列表框中选择"Mean through point"类型，选择刚创建的空间曲线上的等分点填入 Points 列表框中，单击"预览"按钮，如图 7-82 所示。

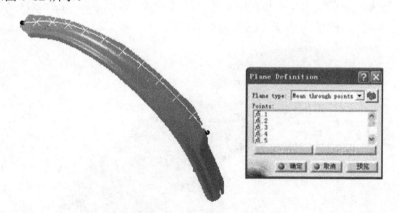

图 7-82　创建多点平均面及操作框

（5）切换到数字曲面编辑器（DSE）模块，创建点云交线，在 Scan Creation 工具栏中单击"Planar Sections"（平面交线）按钮，打开 Planar Sections 对话框，选择点云"Mesh Creation.1"，选择刚创建的参考平面【平面.1】，按照如图 7-83 右图所示的对话框进行参数设置，创建如图 7-83 左图所示的点云交线。

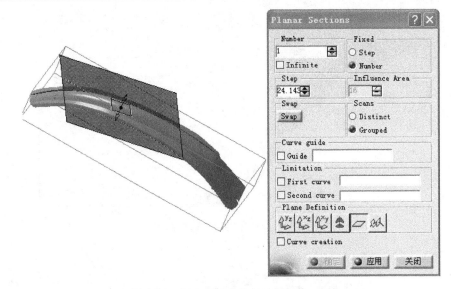

图 7-83　创建点云交线(Plane Section.1)

(6)将上面得到的点云交线生成曲线。在 Curve Creation 工具栏中单击"Curve from Scans"(交线曲线)按钮 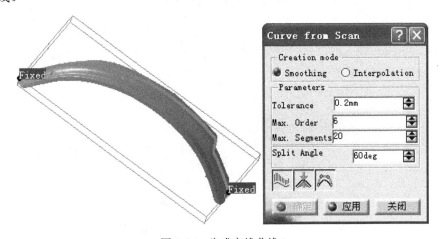，选择生成曲线交线的点云交线"Plane Section.1"，对话框中的参数设置如图 7-84 所示，单击"确定"按钮，将得到的点云交线生成曲线。

图 7-84　生成交线曲线 1

(7)切换到创成式曲面设计(GSD)模块 ，在 Wireframe 工具栏中单击"等距点"按钮 ，将上面得到的曲线【曲线.6】等分。点选"With end points"、"Create normal planes also"和"Create in a new Body"复选框，如图 7-85 中右边对话框所示，单击"确定"按钮，生成结果如图 7-86 所示。

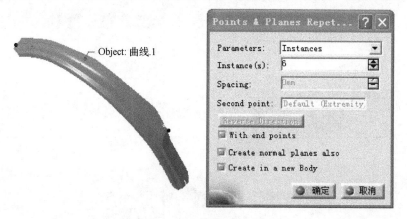

图 7-85　生成等距参考面对话框

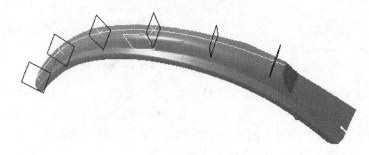

图 7-86　生成的等距参考面

(8)切换到数字曲面编辑器(DSE)模块，在 Scan Creation 工具栏中单击"Create Scans Clouds"(点云交线)按钮，在点云上选择一系列的点，创建如图 7-87 所示的点云交线。

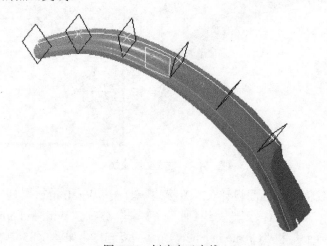

图 7-87　创建点云交线 1

(9) 生成曲线。在 Curve Creation 工具栏中单击"Curve from Scans"(交线曲线)按钮 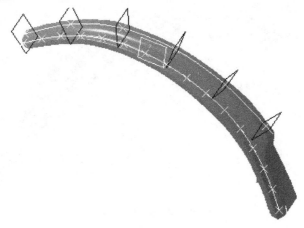，将点云交线转化为曲线，在 Wireframe 工具栏中，单击"等距点"按钮 ，将上面得到的曲线【曲线.16】等分。在 Wireframe 工具栏中，单击"Spline"(样条线)按钮 ，连接上面的等分点，创建新的样条曲线，如图 7-88 所示。

图 7-88　创建样条曲线

(10) 创建点云交线。在 Scan Creation 工具栏中单击"Planar Sections"(点云交线)按钮 ，打开 Planar Sections 对话框，选择点云"Mesh Creation.1"，然后分别选择刚创建的【平面.2】～【平面.7】，按照如图 7-89 中右边所示的对话框进行设置，这里要注意对 Limitation 选项进行设置，创建如图 7-89 中左边所示的点云交线。

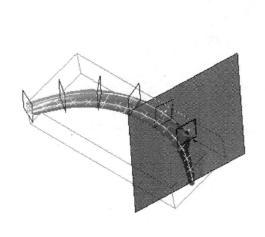
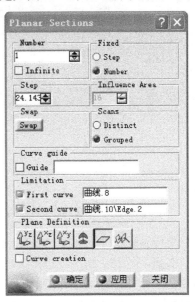

图 7-89　创建点云交线 2

(11)将上面得到的点云交线生成曲线。在 Curve Creation 工具栏中单击"Curve from Scans"(交线曲线)按钮，选择生成曲线交线的点云交线 Plane Section.2～Plane Section.7，对话框中的参数设置如图 7-84 中右边对话框所示，单击"确定"按钮，将得到的点云交线转化成曲线，如图 7-90 所示。

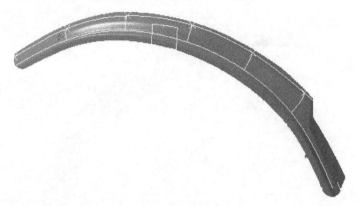

图 7-90　生成交线曲线 2

(12)切换到创成式曲面设计(GSD)模块，在 Wireframe 工具栏中单击"等距点"按钮，将上面得到的曲线【曲线.6】～【曲线.11】进行 6 等分。在 Wireframe 工具栏中单击"Spline"(样条线)按钮，连接上面的等分点，创建新的样条曲线，生成结果如图 7-91 所示。

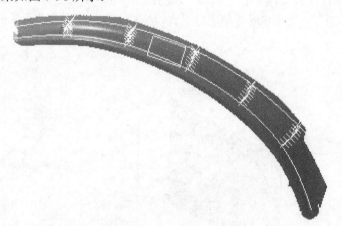

图 7-91　创建等分点并生成样条线(曲面 01)

(13)创建放样曲面。在 Surfaces 工具栏中单击"放样曲面"按钮，打开如图 7-92 所示的对话框，并单击选择曲线【曲线.12】～【曲线.17】填入对话框的列表框中，作为放样曲面的截面线，选择交线曲线【曲线.1】填入 Spine 文本框中作为脊线，选择曲线时要依顺序选取并注意曲线箭头的方向必须保持一致，单击箭头可更改曲线方向，单击"预览"按钮，结果显示如图 7-92 中左边曲面所示。

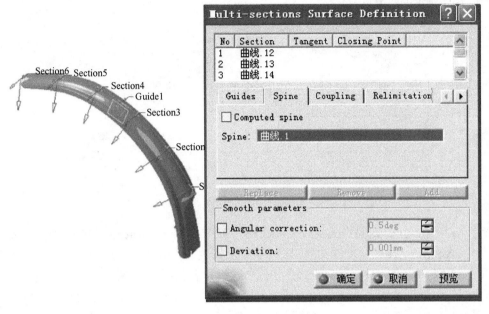

图 7-92　创建放样曲面（曲面 01）

（14）分析放样曲面和点云的误差。切换到自由曲面设计（Freestyle）模块 ；在工具栏中单击"Distance Analysis"（距离分析）按钮 ，分析曲面和点云之间的距离，分析结果如图 7-93 所示，最大误差不超过设计要求范围，满足设计要求。

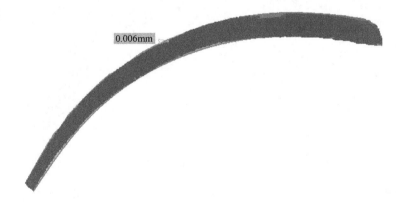

图 7-93　分析曲面和点云之间的误差（曲面 01）

2. 创建曲面 02、曲面 03

（1）切换到数字曲面编辑器（DSE）模块 。在 Scan Creation 工具栏中单击

"Create Scans Clouds"（点云交线）按钮 ⤳ ，在点云上选择一系列的点，创建如图 7-94 所示的两条点云交线。

图 7-94　创建点云交线 3

（2）将上面得到的点云交线生成曲线。首先在 Curve Creation 工具栏中单击 "Curve from Scans"（交线曲线）按钮 ⚡ ，选择生成曲线交线的点云交线【Scan On Cloud.2】～【Scan On Cloud.3】，其他参数的设置如图 7-84 所示，单击"确定"按钮，将得到的点云交线生成曲线。然后切换到创成式曲面设计（GSD）模块 ，在 Wireframe 工具栏中单击"等距点"按钮 ，将上面得到的曲线进行 20 等分。最后在 Wireframe 工具栏中单击"Spline"（样条线）按钮 ，连接上面的等分点，创建新的样条曲线，生成结果如图 7-95 所示。

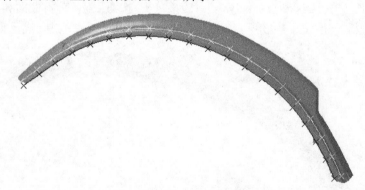

图 7-95　创建新的样条线

（3）创建放样曲面。在 Surfaces 工具栏中，单击"放样曲面"按钮 ，打开如图 7-96 中右边所示的对话框，并单击选择曲线【曲线.5】、【曲线.19】填入对话框的列表框中，作为放样曲面的截面线，选择曲线时要依顺序选取并注意曲线箭头的方向必须保持一致，单击箭头可更改曲线方向，生成结果如图 7-96 中左边曲面所示。

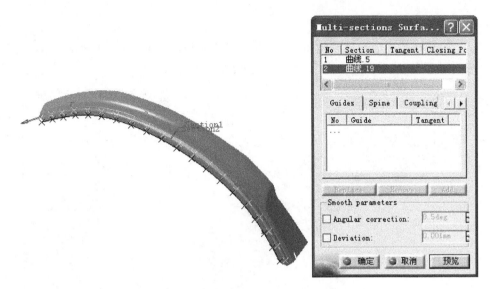

图 7-96　选择【曲线.5】、【曲线.19】创建放样曲面

在 Surfaces 工具栏中单击"放样曲面"按钮，打开如图 7-97 中右边所示的对话框，并单击选择曲线【曲线.26】、【曲线.19】填入对话框的列表框中，作为放样曲面的截面线，选择曲线时要依顺序选取并注意曲线箭头的方向必须保持一致，单击箭头可更改曲线方向，单击"预览"按钮，生成结果如图 7-97 中左边曲面所示。

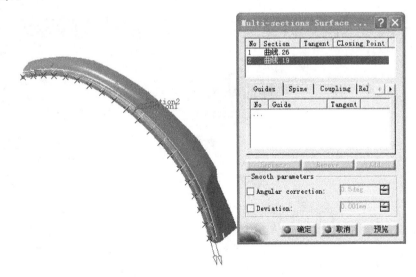

图 7-97　选择【曲线.26】、【曲线.19】创建放样曲面

3. 创建曲面04

(1)切入快速曲面重建(QSR)模块 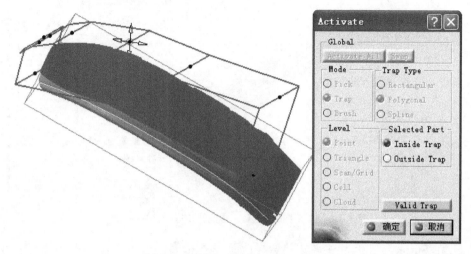。在 Cloud Edition 工具栏中单击"Activate"(激活局部点云)按钮 ，激活点云区域如图7-98所示。

图7-98　激活局部点云(曲面04)

(2)将隐藏的参考平面【平面.1】～【平面.7】分别显示出来，单击"创建参考平面"按钮 ，在 Plane type 下拉列表框中选择"Offset from plane"类型，然后选择参考平面【平面.1】，单击"预览"按钮，结果如图7-99中左边所示。

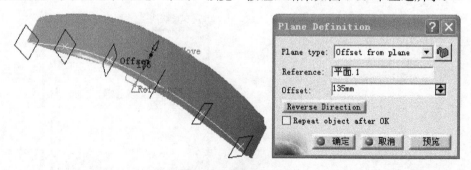

图7-99　创建偏置平面

(3)切换到数字曲面编辑器(DSE)模块，创建点云交线，在 Scan Creation 工具栏中单击"Planar Sections"(平面交线)按钮 ，打开 Planar Sections 对话框，选择点云"Mesh Creation.1"，并选择刚创建的参考平面【平面.8】，参数按照如图7-100中右边所示的对话框进行设置，创建如图7-100中左边所示的点云交线。

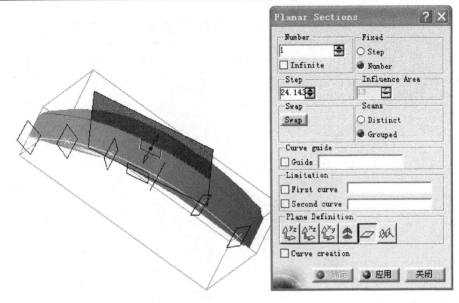

图 7-100　创建点云交线(Plane Section.8)

(4)将上面得到的点云交线生成曲线。在 Curve Creation 工具栏中单击"Curve from Scans"(交线曲线)按钮，选择生成曲线交线的交线"Plane Section.8"，其他参数的设置如图 7-84 所示，单击"确定"按钮，将得到的点云交线生成曲线。在 Scan Creation 工具栏中单击"Planar Sections"(平面交线)按钮，打开 Planar Sections 对话框，选择点云"Mesh Creation.1"，分别选择参考平面【平面.2】～【平面.7】，按照如图 7-101 中右边所示的对话框进行设置，这里要注意对 Limitation 单选框的设置，创建结果如图 7-101 中左边所示。

(5)将上面得到的点云交线生成曲线。首先在 Curve Creation 工具栏中单击"Curve from Scans"(交线曲线)按钮，选择点云交线"Plane Section.9～Plane Section.17"，其他参数的设置如图 7-84 所示，单击"确定"按钮，将得到的点云交线转化成曲线。然后切换到创成式曲面设计(GSD)模块中，在 Wireframe 工具栏中单击"等距点"按钮，将上面得到的曲线进行 5 等分。最后在 Wireframe 工具栏中单击"Spline"(样条线)按钮，连接上面的等分点，创建新的样条曲线，生成结果如图 7-102 所示。

(6)创建多截面曲面。在 Surfaces 工具栏中单击"放样曲面"按钮，打开如图 7-103 中右边所示的对话框，并单击选择刚创建的曲线填入对话框的列表框中，作为放样曲面的截面线，选择交线【曲线.1】填入 Spine 文本框中作为脊线，选择曲线时要依顺序选取并注意曲线箭头的方向必须保持一致，单击箭头可更改曲线方向，结果如图 7-103 中左边所示。

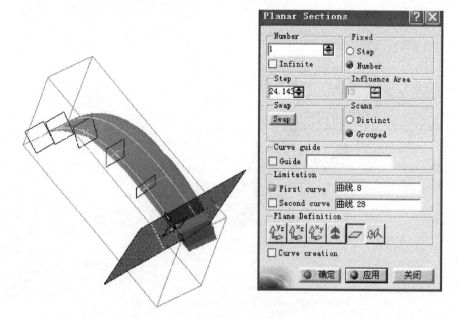

图 7-101　创建点云交线（Plane Section.9～Plane Section.17）

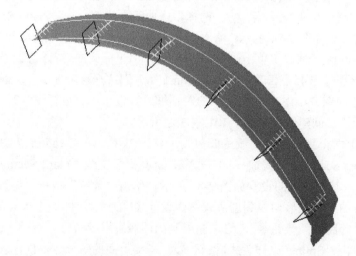

图 7-102　创建等分点并生成样条线（曲面 04）

（7）分析曲面与点云的误差。切换到自由曲面设计（Freestyle）模块，在 Shape Analysis 工具栏中单击"Distance Analysis"（距离分析）按钮，分析曲面和点云之间的距离，分析结果如图 7-104 所示，最大误差和最小误差都不超过 1mm，满足设计要求。

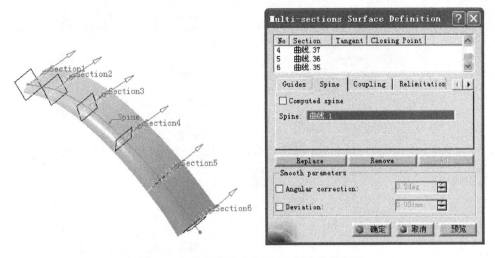

图 7-103 选择交线【曲线.1】创建放样曲面

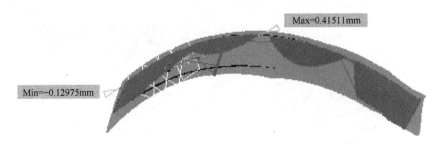

图 7-104 分析曲面与点云之间的误差(曲面 04)

4. 创建曲面 05

(1) 切入快速曲面重建(QSR)模块，在 Cloud Edition 工具栏中单击"Activate"(激活局部点云)按钮，激活局部点云区域如图 7-105 所示。

(2) 在 Surfaces 工具栏中单击"基本曲面识别"按钮，点选 Plane 选项，创建如图 7-106 所示的平面，此平面可作为构造轮罩的一个重要平面。

(3) 首先切换到数字曲面编辑器(DSE)模块，在 Curve Creation 工具栏中单击"3D Curve"按钮，绘制出如图 7-107 所示的空间曲面。然后切换到创成式曲面设计(GSD)模块，在 Wireframe 工具栏中单击"等距点"按钮，将上面得到的曲线进行 5 等分。最后在 Wireframe 工具栏中单击"平面"按钮，在 Plane type 下拉列表框中选择"Mean through point"类型，选择刚创建的空间曲线上的等分点填入 Points 列表框中，单击"预览"按钮，结果如图 7-107 所示。

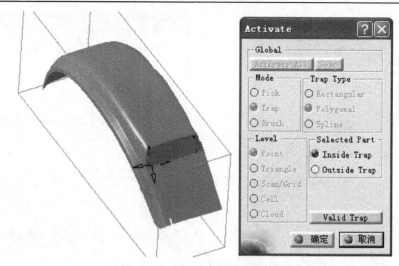

图 7-105　激活局部点云区域(曲面 05)

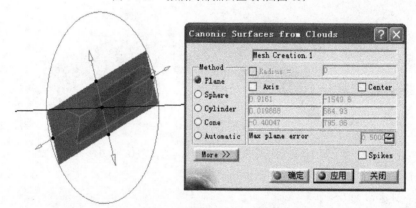

图 7-106　基于点云创建平面

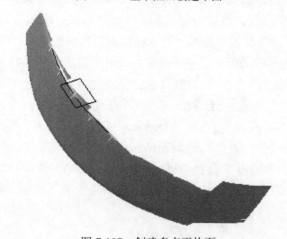

图 7-107　创建多点平均面

(4)利用外插延伸功能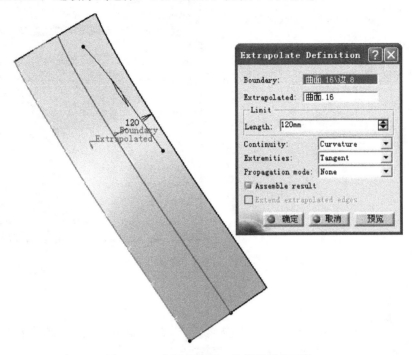把已创建的曲面【曲面.16】的边界线延伸，延伸长度为 120mm，连续方式选择"Curvature"，如图 7-108 所示。

图 7-108 曲面【曲面.16】的边界线延伸

(5)利用投影曲线功能把投影类型 Projection type 设置为 Normal，把刚创建的空间曲线设置为参考曲线，选择延伸曲面为支持面，其他参数按照如图 7-109 所示的对话框设置，单击"确定"按钮，即可生成投影曲线。

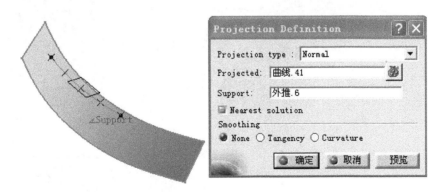

图 7-109 创建投影曲线

(6)利用分割功能将上面得到的投影曲线去分割曲面，如图 7-110 所示。

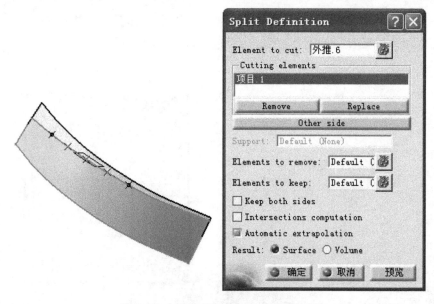

图 7-110　创建【曲面.16】的曲面分割

5. 创建曲面 06

（1）切入快速曲面重建（QSR）模块。在 Cloud Edition 工具栏中单击
"Activate"（激活局部点云）按钮，激活点云区域如图 7-111 所示。

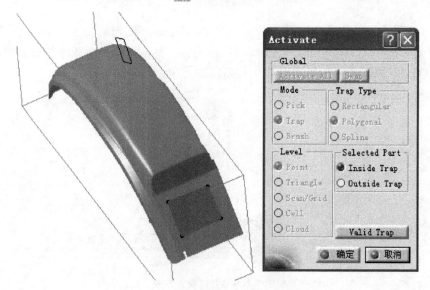

图 7-111　激活局部点云区域（曲面 06）

（2）利用曲面拟合功能  将上面提取出来的点云拟合生成曲面，如果生成的曲面过点比较差，可以再次使用点云局部提取功能将上面提取出的点云的外边界移除一部分，拟合曲面如图 7-112 所示。切换到自由曲面设计（Freestyle）模块 ，在 Shape Analysis 工具栏中单击"Distance Analysis"（距离分析）按钮 ，分析曲面和点云之间的距离，分析结果如图 7-113 所示，最大误差和最小误差都不超过0.1mm，满足设计要求。

图 7-112　拟合曲面

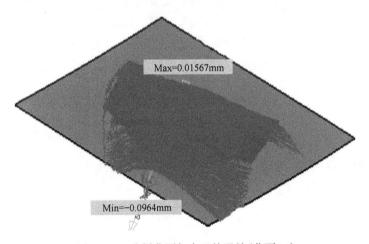

图 7-113　分析曲面与点云的误差（曲面 06）

（3）利用外插延伸功能 把已创建的曲面的四周边界线延伸，延伸长度为50mm，连续方式选择"Curvature"，如图 7-114 所示。

（4）选择菜单"文件"/"另存…"命令，保存文件为"轮罩曲面"。

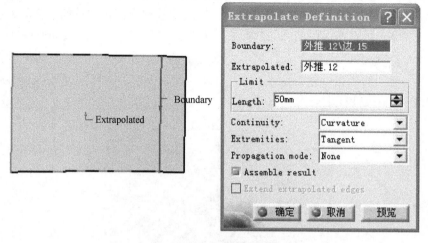

图 7-114　曲面的边界线延伸(曲面 06)

6. 曲面的整合 1

(1)选择 Insert/![几何图形集]，插入一个新的几何图形集，并更改名称为"曲面整合 1"，利用外插延伸功能![图标]把已创建的曲面【分割.1】的边界线延伸，延伸长度为 100mm，连续方式选择"Curvature"，如图 7-115 所示。以同样的方式把已创建的曲面【多截面曲面.1】的边界线延伸，延伸长度为 100mm，连续方式选择"Curvature"，如图 7-116 所示。把已创建的曲面【外推.20】的边界线向下延伸，延伸长度为 20mm，连续方式选择"Curvature"，如图 7-117 所示。

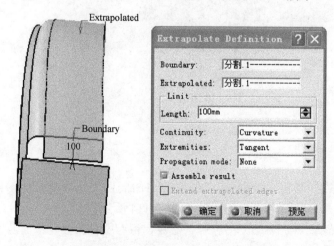

图 7-115　曲面【分割.1】的边界线延伸

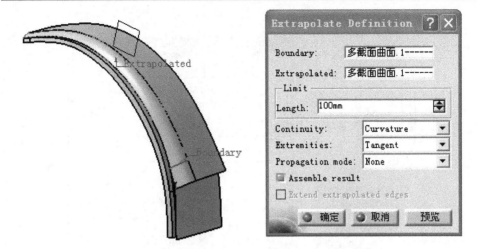

图 7-116 曲面【多截面曲面.1】的边界线延伸

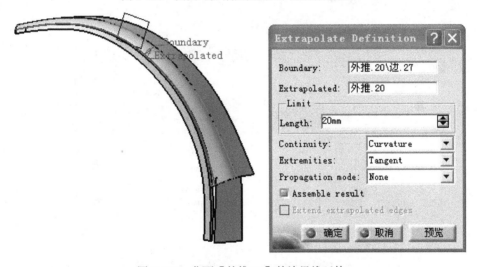

图 7-117 曲面【外推.20】的边界线延伸

(2)切换到创成式曲面设计(GSD)模块 ，利用相交功能 分别做曲面【分割.1】和参考平面【平面.4】的交线，如图 7-118 所示。单击 Wireframe(线框)工具栏中的 按钮，系统弹出 Line Definition(线定义)对话框，如图 7-119 中右边所示，在 Line type(点类型)列表中选择 Angle/Normal to curve(与曲线成固定角或垂直)项，选择刚生成的相交线填入参考曲线 Curve 选项，选择刚生成的相交线的顶点填入参考曲线 Point 选项，在角度 Angle 微调框中设置直线与曲线切线的夹角为 72deg，设置直线的长度为 108mm，生成结果如图 7-119 所示。

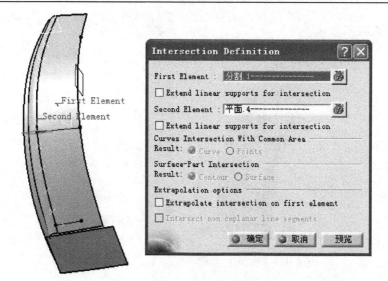

图 7-118　创建交线

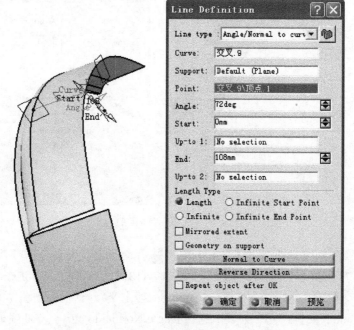

图 7-119　创建直线

7. 创建曲面 07

(1)利用边界提取功能把曲面【外推.25】的边界析出，延伸方式选择"Tangent continuity"，如图 7-120 所示。

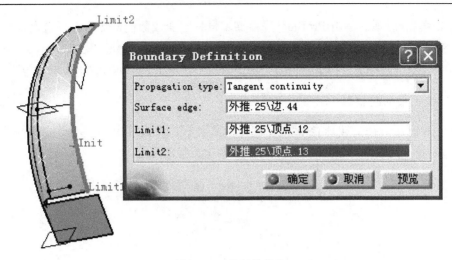

图 7-120　边界的提取

(2) 单击 Surfaces（曲面）工具栏上的 按钮，系统弹出如图 7-121 中右边所示的 Swept Surface Definition（曲面扫掠定义）对话框。系统默认选中对话框中的 Profile type（轮廓类型）旁的 按钮，在 Subtype（次形式）列表中选择 With reference surface

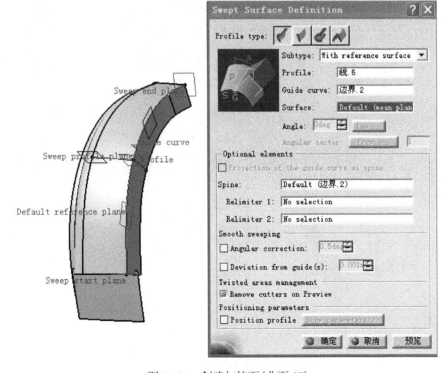

图 7-121　创建扫掠面（曲面 07）

（由参考曲面）项，单击 Profile（轮廓）文本框使它变成蓝色，然后在平台上选择刚才创建的直线【线.6】，单击 Guide curve（导向曲线）文本框使它变成蓝色，在平台上选择边界曲线【边界.2】，单击"确定"按钮，生成的曲面如图 7-121 中左边所示。

8. 曲面的整合 2

（1）利用外插延伸功能 把已创建的曲面【扫掠.1】的边界线延伸，延伸长度为 50mm，连续方式选择"Curvature"，如图 7-122 所示。

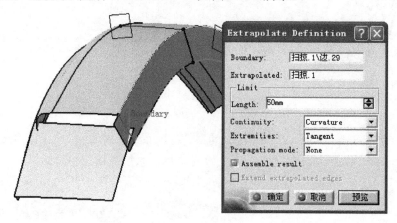

图 7-122　曲面【扫掠.1】的边界线延伸

（2）利用曲面分割功能 ，并使用平面【外推.18】分别裁剪曲面【外推.19】、【外推.21】、【外推.22】，如图 7-123～图 7-125 所示。

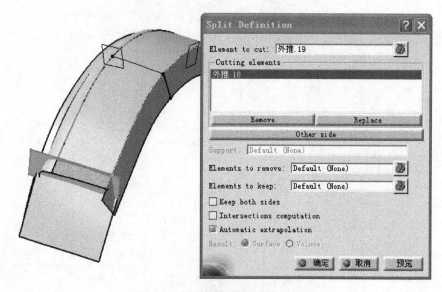

图 7-123　曲面【外推.19】的曲面分割

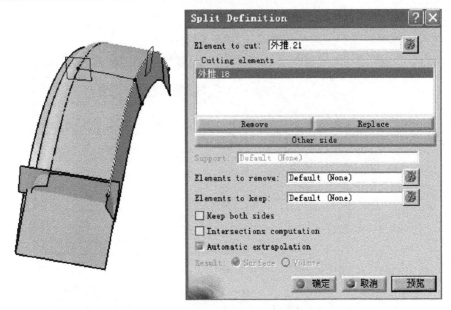

图 7-124　曲面【外推.21】的曲面分割

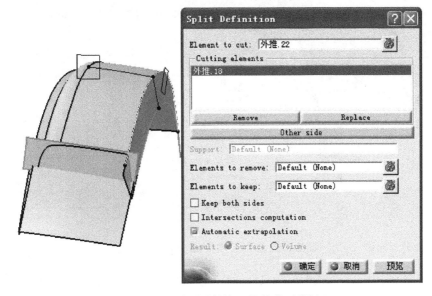

图 7-125　曲面【外推.22】的曲面分割

(3) 利用合并功能 把曲面【分割.7】、【分割.2】、【分割.3】的边分别连接起来，如图 7-126(a)所示，并利用分割功能 ，用连接起来的曲线【结合.1】裁剪曲面【外推.6】，如图 7-126(b)所示。

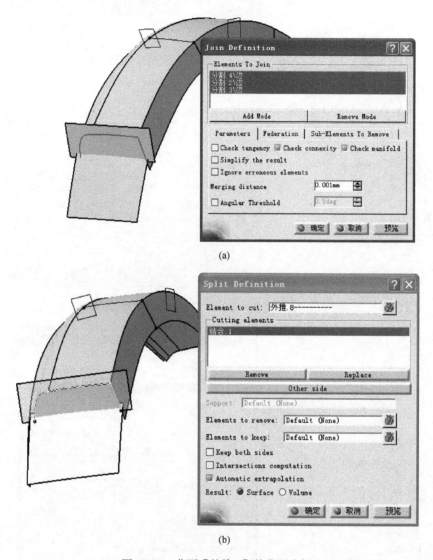

(a)

(b)

图 7-126　曲面【外推.6】的曲面分割

　　(4) 使用创建点命令 ▪ 在结合曲线【结合.1】的一端创建点【点.189】，单击参考平面功能 ⬭，选择平面【平面.9】以 "Parallel through point" 方式，通过点【点.189】作一个平面，如图 7-127 所示。

　　(5) 利用曲面分割功能 ⬭，使用参考平面【平面.10】裁剪曲面【外推.13】，如图 7-128 所示。

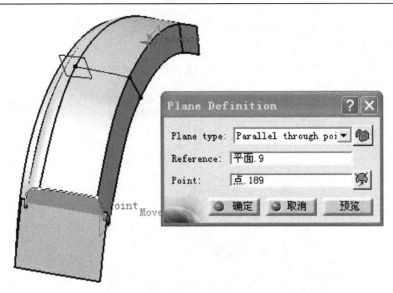

图 7-127　创建平面

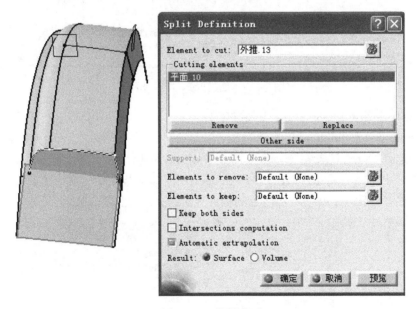

图 7-128　分割曲面

9. 创建曲面 08

(1) 单击 Wireframe (线框) 工具栏中的 ╱ 按钮，系统弹出如图 7-129 中右边所示的 Line Definition (线定义) 对话框，在 Line type (点类型) 列表中选择 Point-Direction (点-方向) 项，单击 Point (点) 文本框使它变成蓝色，然后在圆上选择刚才创建的点

【点.189】，单击对话框中的 Direction（方向）文本框使它变成蓝色，然后单击鼠标右键选择【Z Axis】，在 Start（起始点）文本框中输入 0mm，在 End（结束点）文本框中输入 50mm，单击"确定"按钮，完成直线的创建。

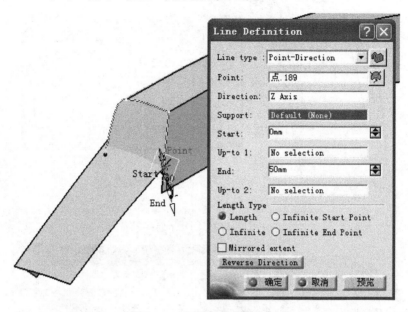

图 7-129　创建直线（曲面 08）

（2）单击 Wireframe（线框）工具栏中的 按钮，系统弹出如图 7-130 中右边所示的 Projection Definition（投影定义）对话框。在对话框的 Projection type（投影类型）列表中选择 Normal（法线方向）项；单击 Projected（投影）文本框使它变成蓝色，然后在平台上选择直线【线.7】，单击 Support（支持）文本框使它变成蓝色，随后在平台上选择如图 7-130 中左边所示的曲面【分割.4】，完成投影线的创建。

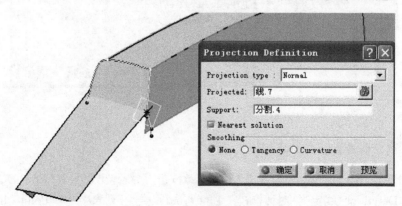

图 7-130　投影操作

(3) 单击 Operations（操作）工具栏中的 ![按钮] 按钮，系统弹出如图 7-131 中右边所示的 Split Definition（分割定义）对话框。单击对话框中的 Element to cut（切割元素）文本框使它变成蓝色，然后在平台上选择曲面【分割.4】，随后在平台上选择投影曲线【项目.2】，使投影曲线切割所创建模型，单击"确定"按钮，完成切割面的创建。

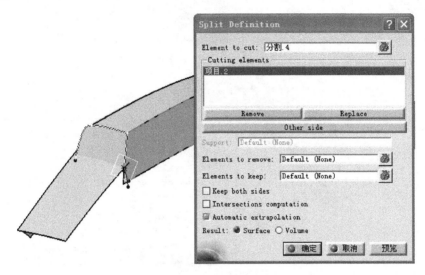

图 7-131 选择曲线【项目.2】创建切割面

(4) 单击 Surfaces（曲面）工具栏上的 ![按钮] 按钮，系统弹出如图 7-132 中右边所示的 Swept Surface Definition（曲面扫掠定义）对话框。选中对话框中 Profile type（轮廓类型）旁的 ![按钮] 按钮，在 Subtype（次形式）列表中选择 With reference surface（由参考曲面）项，单击 Profile（轮廓）文本框使它变成蓝色，然后在平台上选择刚才创建的投影直线【项目.2】，单击 Guide curve（导向曲线）文本框使它变成蓝色，然后在平台上选择曲面【分割.6】的边界曲线，单击"确定"按钮，生成的曲面如图 7-132 中左边所示。

10. 曲面整合 3

(1) 单击 Operations（操作）工具栏中的 ![按钮] 按钮，系统弹出如图 7-133 中右边所示的 Split Definition（分割定义）对话框。单击对话框中的 Element to cut（切割元素）文本框使它变成蓝色，然后在平台上选择刚生成的扫掠面【扫掠.2】，随后在平台上选择投影曲线【项目.2】，单击"确定"按钮，完成切割面的创建。

(2) 单击 Operations（操作）工具栏中的 ![按钮] 按钮，系统弹出如图 7-134 中右边所示的 Split Definition（分割定义）对话框。单击对话框中的 Element to cut（切割元素）文本框使它变成蓝色，然后在平台上选择曲面【分割.6】，随后在平台上选择曲面【分割.5】，单击"确定"按钮，完成切割面的创建。切割面如图 7-134 中左边所示。

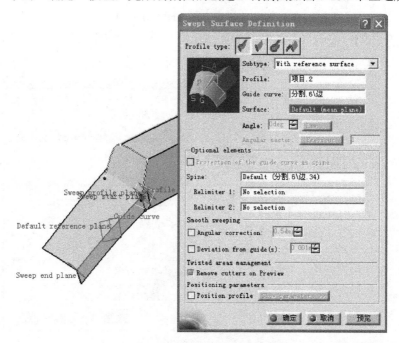

图 7-132　创建扫描曲面（曲面 08）

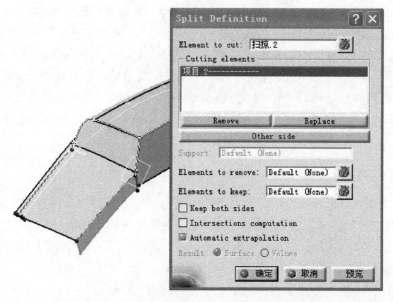

图 7-133　曲面整合选择曲线【项目.2】创建切割面

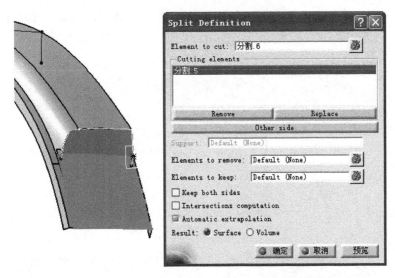

图 7-134　选择曲面【分割.5】创建切割面

（3）利用相交功能 分别做曲线【结合.1】和曲面【分割.9\边】的边的交点，如图 7-135 所示。

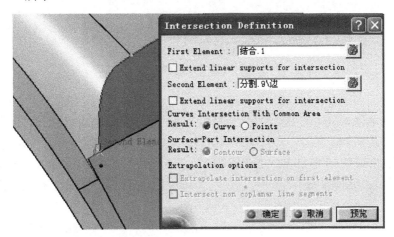

图 7-135　创建交点

（4）利用边界提取功能 把曲面【分割.8】的边界析出，延伸方式选择"Tangent continuity"，如图 7-136 所示。

（5）单击 Operations（操作）工具栏中的 按钮，系统弹出如图 7-137 中右边所示的 Translate Definition（移动定义）对话框，移动方式选择 Point to point（点到点），单击对话框中的 Element（元素）文本框使它变成蓝色，然后选择刚创建的曲线【抽取.1】，开始点选择点【点.189】，结束点选择点【点.190】，完成点【点.189】的移动。

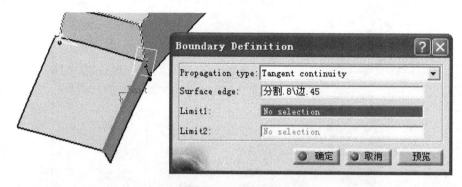

图 7-136　边界提取

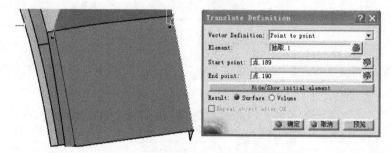

图 7-137　点的移动

(6)单击 Wireframe(线框)工具栏中的 按钮，系统弹出如图 7-138 中右边所示的 Projection Definition(投影定义)对话框。在对话框中的 Projection type(投影类型)列表中选择 Normal(法线方向)项；单击 Projected(投影)文本框使它变成蓝色，然后在平台上选择刚平移的直线【平移.1】，单击 Support(支持)文本框使它变成蓝色，随后在平台上选择如图 7-138 中左边所示的曲面【分割.9】，完成投影线的创建。

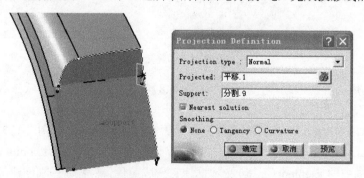

图 7-138　投影线的创建

(7) 单击 Operations(操作)工具栏中的 <img_1 按钮> 按钮，然后在平台上选择曲面【分割.9】，随后在平台上选择刚投影生成的曲线【项目.3】，单击"确定"按钮，完成切割面的创建，如图 7-139 所示。

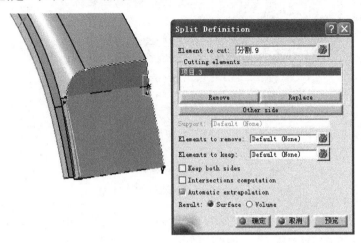

图 7-139　选择曲线【项目.3】创建切割面

(8) 单击 Wireframe(线框)工具栏中的"创建参考曲面"按钮 <img按钮>，系统弹出如图 7-140 中右边所示的 Plane Definition(平面定义)对话框。在对话框的 Plane type(平面类型)列表中选择 Normal to curve(垂直曲线)项，单击 Curve 文本框使它变成蓝色，然后在平台上选择投影曲线【项目.3】，在 Point 文本框中选择点【点.190】，单击"确定"按钮，完成参考曲面的定义。参考曲面如图 7-140 中左边所示。

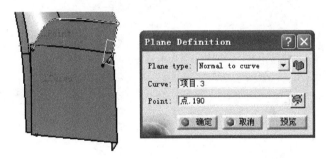

图 7-140　创建参考曲面

(9) 单击 Operations(操作)工具栏中的 <img按钮> 按钮，然后在平台上选择曲面【分割.3】，随后在平台上选择刚创建的参考曲面【平面.11】，单击"确定"按钮，完成切割面的创建，如图 7-141 所示。

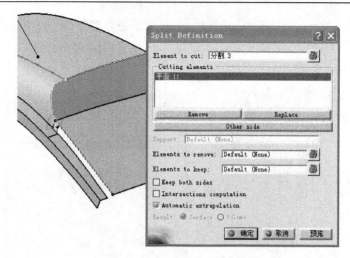

图 7-141　选择曲面【平面.11】创建切割面

　　(10) 单击 Wireframe(线框)工具栏中的 ╱ 按钮，系统弹出如图 7-142 中右边所示的 Line Definition(线定义)对话框，在 Line type(点类型)列表中选择 Point-Point(点-点)项，单击 Point 1(点.1)文本框使它变成蓝色，然后在圆上选择刚才创建投影线的一顶点【项目.3\顶点.2】，单击 Point 2(点.2)文本框使它变成蓝色，随后选择曲面【分割.16】边的一顶点【项目.16/顶点.9】，单击"确定"按钮，完成直线的创建。

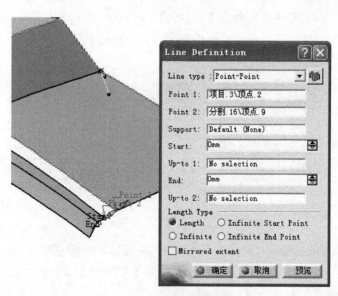

图 7-142　直线的创建

（11）单击 Surfaces（曲面）工具栏上的 按钮，系统弹出如图 7-143 中右边所示的 Fill Surface Definition（曲面填充定义）对话框。在平台上依次选择曲线【项目.3】、【分割.15】、【分割.16】、【线.8】，单击"确定"按钮，完成曲面填充的创建。曲面如图 7-143 中左边所示。

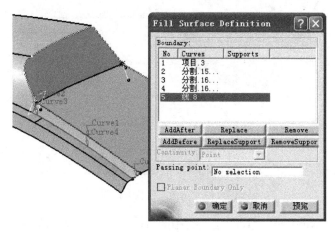

图 7-143　曲面的填充

（12）单击 Wireframe（线框）工具栏中的 按钮，系统弹出如图 7-144 中右边所示的 Plane Definition（平面定义）对话框。在对话框的 Plane type（平面类型）列表中选择 Parallel through point（平行通过点）项，选择平面【平面.11】作为参考元素，在 Point 选项框中选择曲面【多截面曲面.3】的边线上的一点，单击"确定"按钮，完成参考平面的定义。

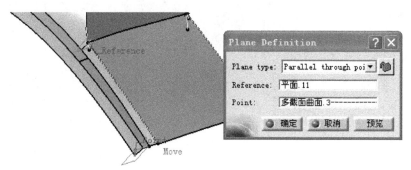

图 7-144　整合轮罩后端创建参考平面

（13）利用 Operations（操作）工具栏中的 按钮的分割功能，在平台上选择组成轮罩后端的各曲面，随后在平台上选择刚创建的参考平面进行裁剪，端面修剪后如图 7-145 所示。

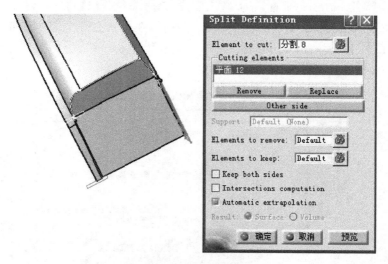

图 7-145　轮罩后端端面的修剪

(14)单击 Wireframe(线框)工具栏中的 ⬜ 按钮,系统弹出如图 7-146 中右边所示的 Plane Definition(平面定义)对话框。在对话框的 Plane type(平面类型)列表中选择 Normal to curve(垂直曲线)项,单击 Curve 文本框使它变成蓝色,然后在平台上选择曲面【分割.19】的边线,在 Point 文本框中选择边线的一顶点,单击"确定"按钮,完成参考平面的定义。

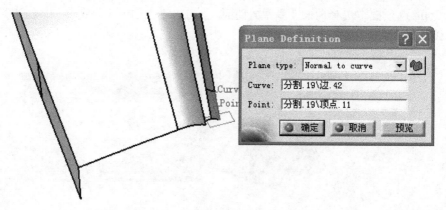

图 7-146　整合轮罩前端创建参考平面

(15)利用 Operations(操作)工具栏中的分割按钮 🔨 的分割功能,在平台上选择组成轮罩前端的各曲面,随后在平台上选择刚创建的参考平面【平面.13】进行裁剪,端面修剪后如图 7-147 所示。

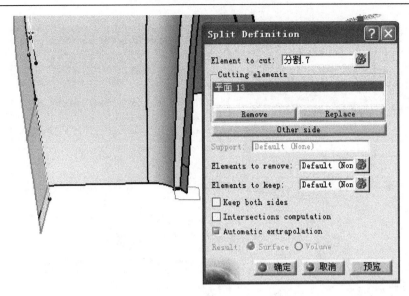

图 7-147　轮罩前端端面的修剪

11. 创建过渡圆角

(1)利用边线圆角功能 选择曲面的交线【边.1】，如图 7-148 所示，倒半径为 40mm 的圆角。

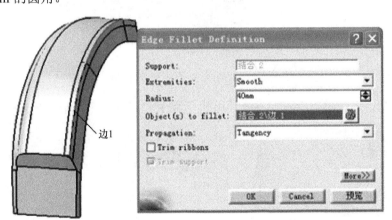

图 7-148　曲面交线【边.1】倒圆角

(2)利用边线圆角功能 选择曲面的交线【边.2】～【边.6】，如图 7-149 所示，倒半径为 5mm 的圆角。

(3)利用边线圆角功能 选择曲面的交线【边.7】，如图 7-150 所示，倒半径为 10mm 的圆角。

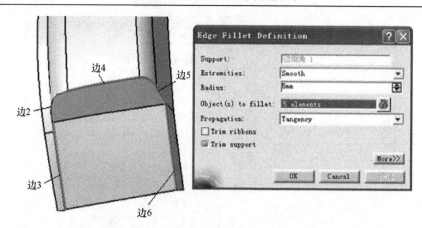

图 7-149　曲面交线【边.2】～【边.6】倒圆角

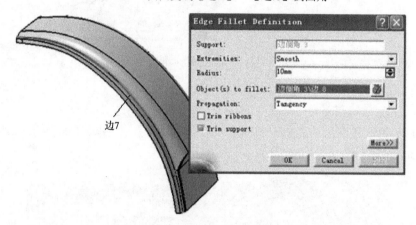

图 7-150　曲面交线【边.7】倒圆角

　　(4)利用边线圆角功能 选择曲面的交线【边.8】，如图 7-151 所示，倒半径为 15mm 的圆角。

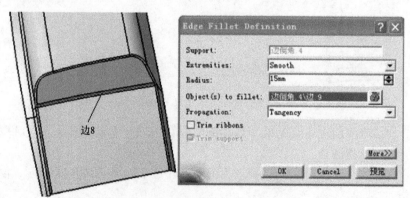

图 7-151　曲面交线【边.8】倒圆角

(5) 已创建完成的轮罩曲面模型如图 7-152 所示。

(6) 选择菜单 "文件" / "另存…" 命令，保存文件为 "轮罩曲面"。

图 7-152　轮罩曲面模型

7.3.4　拖拉机轮罩曲面质量分析

切换到自由曲面设计(Freestyle)模块，在 Shape Analysis 工具栏中，单击 "Isophotes Mapping Analysis"（斑马线分析）按钮，选择曲面进行分析，分析结果如图 7-153 所示。从图中可以看出，斑马线是连续的，变化也是逐渐且间隔均匀，显示出曲面具有很好的品质。

图 7-153　拖拉机轮罩曲面的斑马线分析结果

7.3.5　拖拉机轮罩实体化

利用 Surface-Based Features（基于曲面特征）工具栏上的曲面加厚功能，把轮罩曲面加厚 1mm，轮罩曲面模型变为实体模型，如图 7-154 所示，至此轮罩的逆向造型完成。

图 7-154　轮罩实体模型

参 考 文 献

李红, 徐立友, 周志立. 2011. 基于油泥模型的拖拉机造型设计[C]. 中国农业机械学会第六届青年学术年会学术会议论文集, 洛阳.

刘玉科, 周志立, 徐立友, 等. 2010. 胶带图在拖拉机造型设计中的应用研究[J]. 河南科技大学学报(自然科学版), 31(2): 39-42.

龙坤, 唐俊. 2006. CATIA V5 R15 中文版基础教程[M]. 北京: 清华大学出版社.

杨超峰, 周志立, 赵剡水, 等. 2010. 基于虚拟样机技术的拖拉机造型可视化设计[J]. 河南科技大学学报(自然科学版), 31(4): 19-23.

尤春风. 2002. CATIA V5 曲面造型[M]. 北京: 清华大学出版社.

游立明. 2006. CATIA V5 曲面设计从入门到精通[M]. 北京: 电子工业出版社.

张晓文, 周志立, 徐立友. 2011. 基于逆向工程的拖拉机造型设计技术平台研究[C]. 中国农业机械学会第六届青年学术年会学术会议论文集, 洛阳.

Li H, Xu L Y, Zhou Z L, et al. 2011. Surface smoothness analysis of tractor modeling based on CATIA[C]. Proceedings of ICICTA International Conference, Shenzhen.

Zhang X W, Zhou Z L, Xu L Y, et al. 2011. Reverse design and finite element analysis of tractor panel based on CATIA[C]. Proceedings of ICICTA International Conference, Shenzhen.